ランドスケープの再生を通じた
復興支援のための
コンセプトブック

Visions of our Landscape for Reconstruction
復興の風景像

公益社団法人 **日本造園学会**
東日本大震災復興支援調査委員会〔編〕

マルモ出版

ランドスケープ再生の手がかりを求めて

奇蹟の狐塚とクロマツ
仙台市若林区荒浜 狐塚
2011年4月1日

壊滅した荒浜集落の北、海から1kmほど
ですから、数mの高さの津波が右から
押し寄せたはずです。
クロマツの前には流木となり
押し寄せたアカマツが転がっています。
祠を建て守っていた地主の方は
津波で亡くなったとのことですが
このクロマツ群が地域再生のシンボルに
なってくれればとの思いを強くしています。

なんと強い、石巻のクロマツ
石巻市南浜町
2011年4月11日

ここは海から500mほど、高さ10mほどの
津波の直撃を受けています。
黒松の幹のその高さのところに
傷があることから分かります。
完全に壊滅してしまった南浜町や門脇町に
わずかに残った生命であり、
地元の方々も気がついておられるようです。
1年後、葉が赤化してしまっていますが
なんとか生命をつないで
地域再生の象徴になって
くれることを期待しています。

津波の下でいのち輝く
仙台市若林区井土
2011年5月8日

海岸からわずか500ｍのところに
菜の花が咲く畑跡がありました。
頭上を数ｍ超の津波が通っていった
一面の砂の荒野の中にここだけいのちが輝いていました。
塩分に強く黄色の菜の花は
沿岸部の春を励ましてくれると思います。

絵・文｜**嶋倉正明**
（嶋倉風景研究室）

**津波から10ヶ月、
奇蹟の狐塚とクロマツ**
仙台市若林区荒浜 狐塚
2012年1月8日

継続して観察を続けている
クロマツ群です。荒浜地区の
北外れにある狐塚のクロマツ達と
小さな祠が高さ4ｍ以上の津波を
受けたのに無事に残っています。
なぜ残りえたのかなんとも不思議です。
神狐の伝承がある塚で、
さわると祟りがあるということで
県道改良の際にも道路が
迂回することで残されました。
地区の住宅は1軒残らず破壊され、
見える範囲も視点の背後も全て
災害危険区域に指定され将来とも
集落が再建されることはありません。
がれきが片付き砂に覆われた
田んぼの形だけ回復した
無念の風景のなかに毅然と立つ
クロマツ達は津波の傷も癒え、
全ての枝葉が上を向いていました。
クロマツという生命体の強靭さに
敬意を表します。

上2枚｜収録されたフォトオーバレイの例
下3枚｜大槌町の被災直後、復旧過程の組写真
⮕ 2-13 デジタルアーカイブズ

「ほねまち」。日本造園学会関東支部、学生ワークショップ
（小堀貴子、矢作学、鈴木南、松本亜味、北岡正裕、作田裕花、篠原将太、社会人チューター：石川初、近藤卓、高橋良輔）
⮕ 1-1 呪嗟のランドスケープ
⮕ 2-11 復興のランドフォーム

救済のインフラとしての公園計画のモデル図
⮕ 1-3 生存・救済のための公園緑地

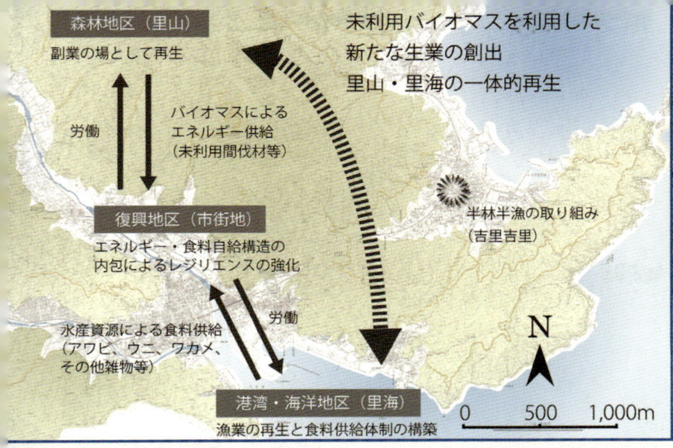

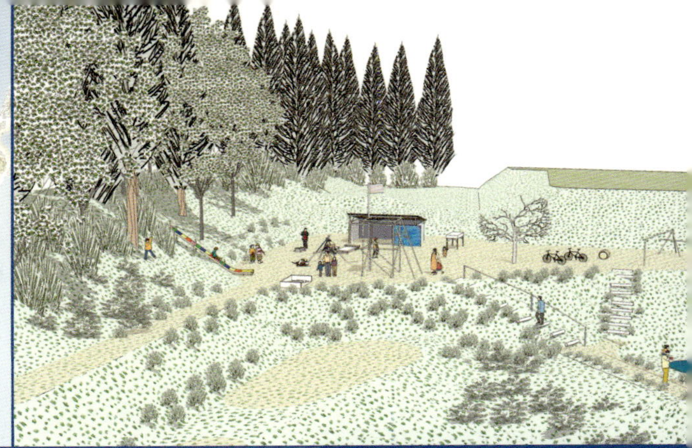

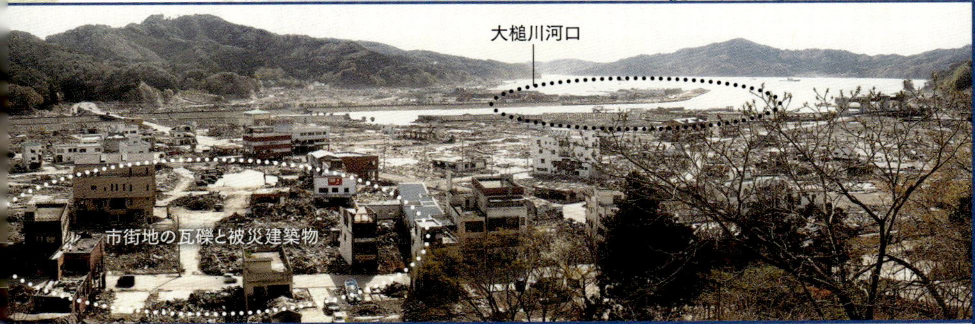

左上｜里海・里山の
一体的再生による
生業の創出とエネルギー・
食料自給構造の内包による
レジリエンスの強化
➲2-4 森・里・海の連環
右上｜南西から望む
“あそびーばー”の様子
➲2-5 グリーン for キッズ

「城山」定点撮影地点パノラマ写真
上…2011年5月2日
下…2011年11月1日
CC BY-SA by CyberForest, MAPconcierge
➲3-2 土地と景観のプロファイリング

エリアマネジメントを
媒介する「パーク」の構想
➲3-6 新しいコンセプトの公園

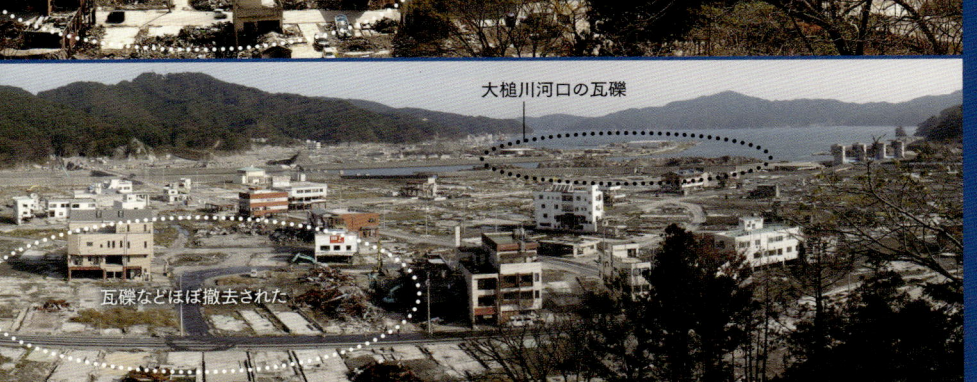

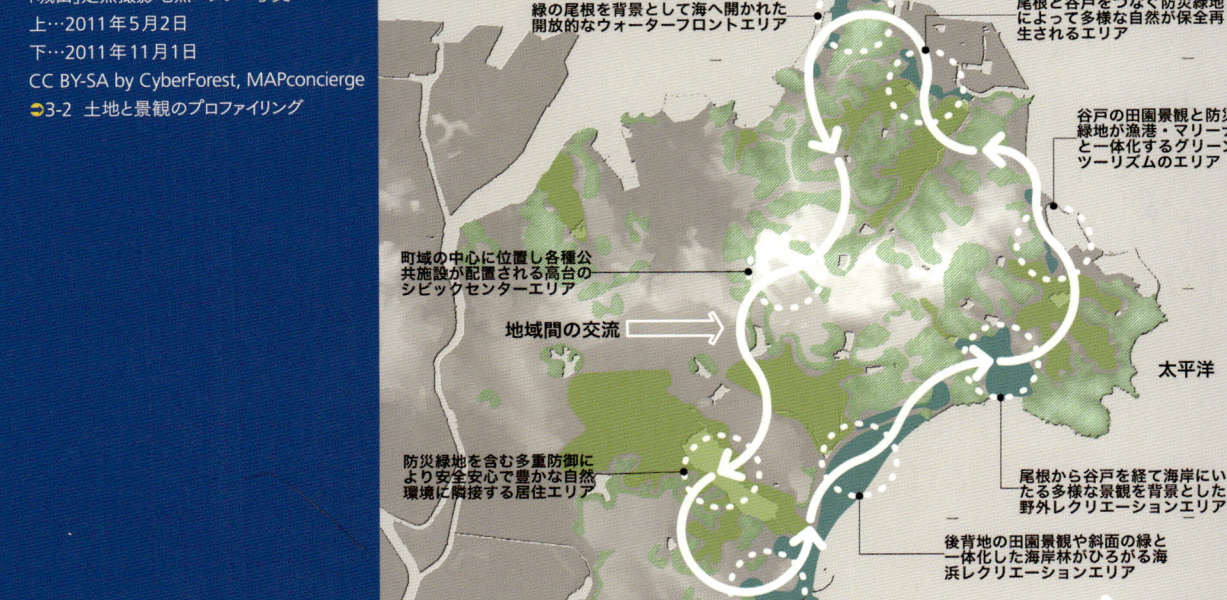

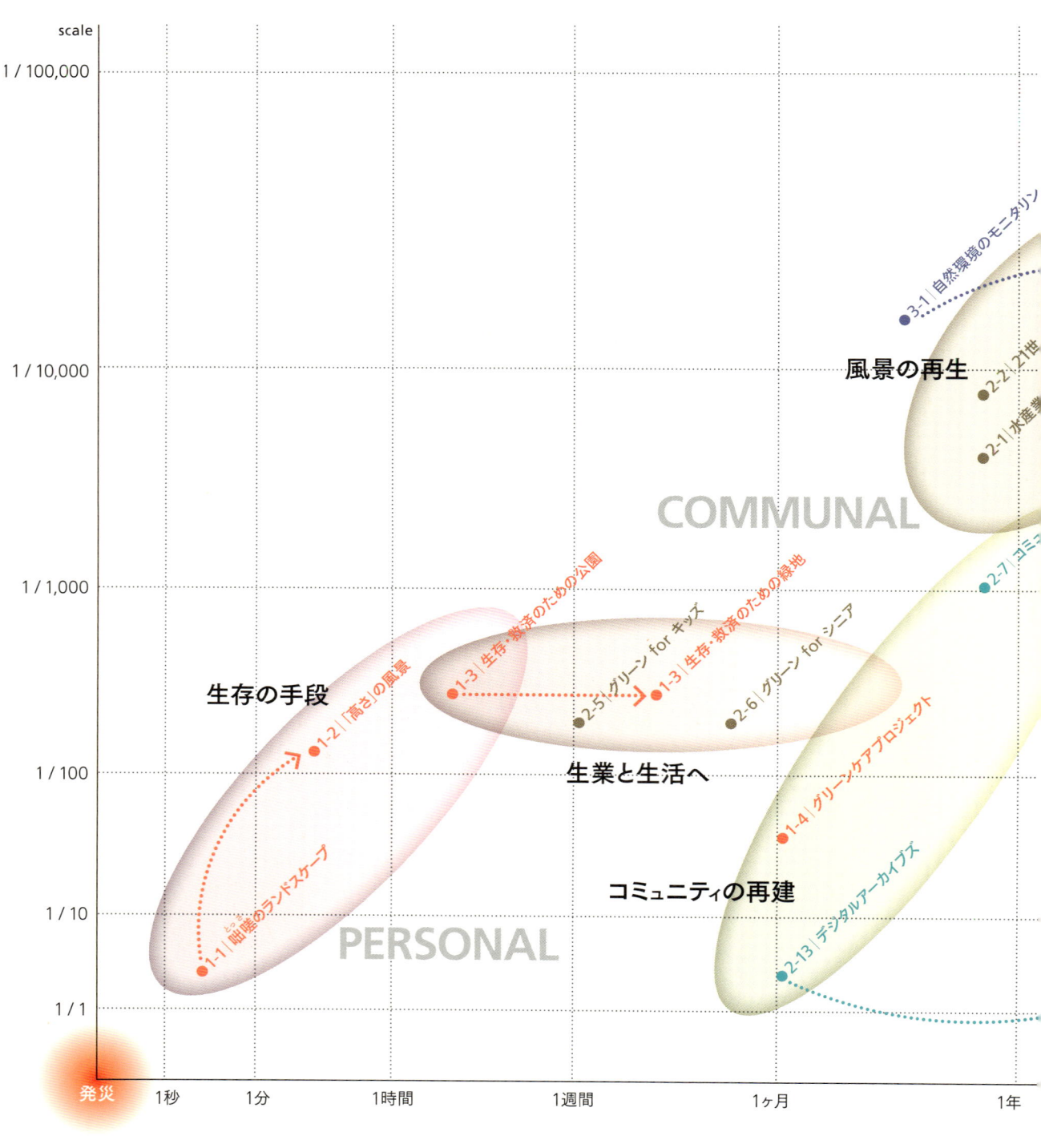

コンセプトブックの読み方
復興の時空スケール

コンセプトブックの読み方

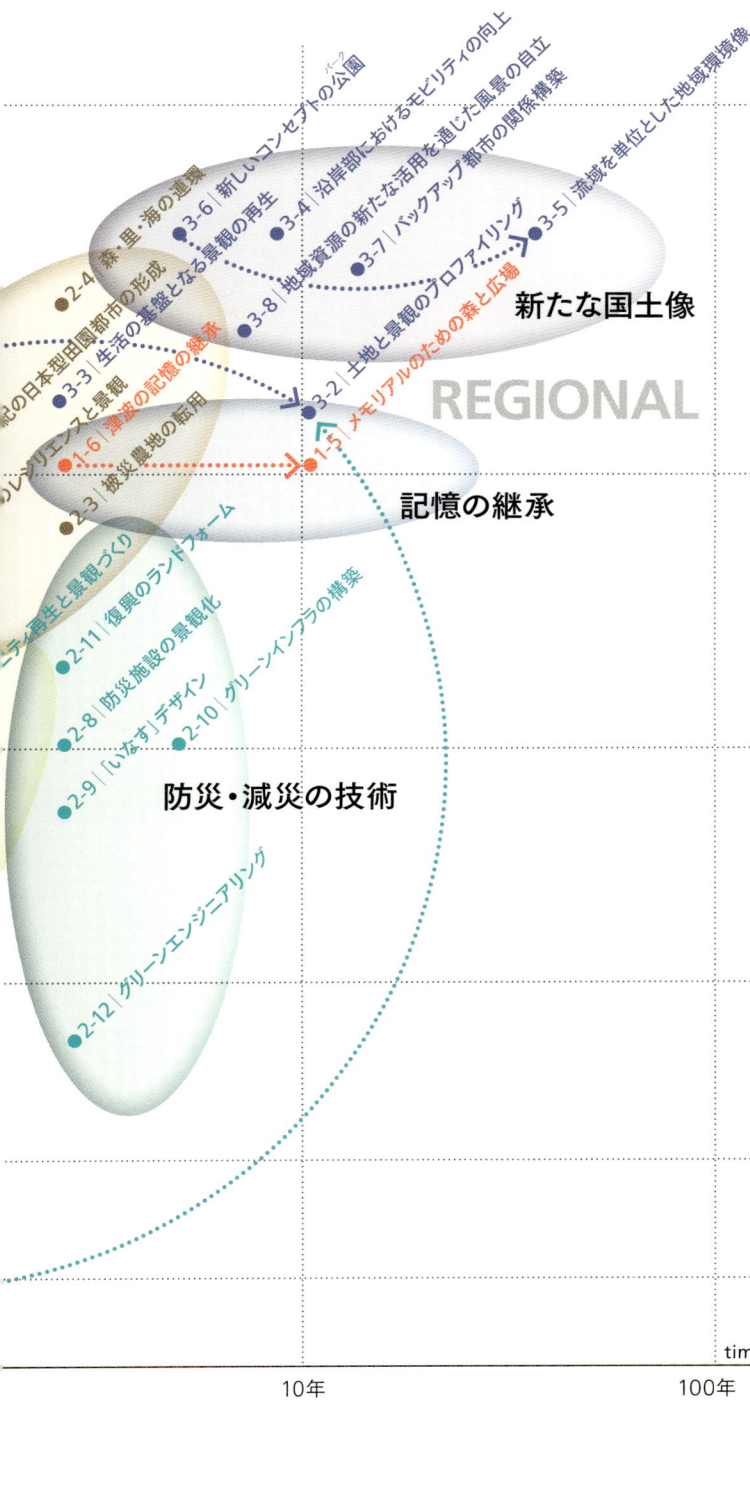

©ishikawa, shinozawa, miyagi 2011

　ランドスケープの調査研究やプランニングとデザインの実践という立場から震災復興に関わろうとするとき、震災の発生からの「時間の経過」、被災した個人の身体周辺から国土に至る「空間の広がり」、という2つのスケールを視野に入れておくことが重要です。これら2つのスケールは、他の関連する技術体系と比較した場合にランドスケープの分野の特徴を際だたせるものとなります。

　ここに示すチャートはこの2つのスケールを横軸と縦軸に設定し、その時間と空間の関係を示す平面の中において、ランドスケープの分野はどのような空間要素にどのような価値観と技術の体系をもって関わることができるのかを仮説的に位置づけたものです。震災発生からの時間経過を示すスケールの横軸に沿っては、まず個人の生存を確保するために必要な空間とその設えが想定されます。これらに対応する空間のスケールは、人間の身体から日常的な生活圏に至る範囲に設定されるでしょう。生存が確保された後には、生活再建とそれを支える生業の再興が必要となり、それらは生産やサービスの提供を行う地理的な空間スケールの範囲において対応するべき事項です。これらと並行して、被災者の心のケアや崩壊したコミュニティの再建に欠くことのできないとりくみが急務となります。

　一方、被災の状況をつぶさに調査・分析することにより、その記録を後世に遺すとともに新たな防災・減災の技術を構築するための実践が求められるでしょう。これらは、幅広い空間スケールにわたって横断的に実施されることになります。さらに、こうした多様なとりくみが継続される過程を経て、人々の生活と自然環境の持続可能な関係が再構築され、そのことが風景の再生、ひいては新たな国土像のモデルへとつながることが期待されます。とりわけ、東日本大震災による被災地となった東北地方の太平洋沿岸地域には、その可能性を色濃く見てとることができるのではないでしょうか。

　本書ではこのような仮説のもとに、ランドスケープの分野が主体的にとりくむべき27のテーマをとりあげました。読者諸兄の関心の在処にもとづき、時間のスケールに沿って、または空間のスケールに沿って各テーマをフォローすることが可能です。あるいは、個人（personal）からコミュニティ（communal）を経て地域（regional）へと展開するランドスケープの実像として理解していただくこともできるでしょう。いずれにしても、今時の大震災からの復興ならびに今後予想される自然災害への対応においては、ここに示したような時間と空間のスケールを横断的に認識し実践することが求められるはずであり、そこにこの分野からの貢献を期待できるものと考えています。

目次

ランドスケープ再生の手がかりを求めて ... 002
コンセプトブックの読み方——復興の時空スケール ... 006

● introduction
ランドスケープ再生を通じた震災復興 ... 010
武内和彦 | 公益社団法人 日本造園学会 東日本大震災復興支援調査委員会委員長

chapter 1 「生存」のランドスケープを創出する

1-1 咄嗟（とっさ）のランドスケープ ... 014
生死に関わる地域のランドスケープ構造の顕在化

1-2 「高さ」の風景 ... 018
緊急避難地をわかりやすく伝えるまちづくり

1-3 生存・救済のための公園緑地 ... 022
水平避難と垂直避難のネットワークによる
緑の災害インフラ整備

1-4 グリーンケアプロジェクト ... 026
被災者の心のケアに資する花やみどりによる
グリーンケアプロジェクトの推進

1-5 メモリアルの森・広場づくり ... 030
伝承と生存のための祭礼景観

1-6 津波の記憶の継承 ... 034
漁村集落の土地利用にみる縄文以来の知恵

chapter 2 「生業」と「生活」のランドスケープを再興する

2-1 水産業のレジリエンスと景観 ... 040
漁業の生産施設、生産過程の
景観要素としての価値の再評価

2-2 21世紀の日本型田園都市の形成 ... 044
「支え」を考慮した自然立地的土地利用計画

2-3 被災農地の転用 ... 048
耕作の継続が困難となった農地の積極的な転用

2-4 森・里・海の連環 ... 052
小流域を基本単位とした物質循環による生産の復旧

2-5 グリーン for キッズ ... 056
子どもの「あそぶ」を支える場と機会の復活

2-6 グリーン for シニア ... 060
高齢者が集う場と機会の復活と地域の歴史の継承

2-7 コミュニティ再生と景観づくり ... 064
次世代まで継ぐ地域づくりの手法

2-8	防災施設の景観化	068
	自立性の高いオープンスペースへの提言	
2-9	「いなす」デザイン	072
	自然と向き合える状況づくり	
2-10	グリーンインフラの構築	076
	レジリエンスをもたらす空間計画と土地利用転換	
2-11	復興のランドフォーム	080
	ガレキの分別と適正な素材の活用による人工的なランドフォームの形成	
2-12	グリーンエンジニアリング	084
	植栽基盤の整備と植栽技術による緑の再生	
2-13	デジタルアーカイブズ	088
	復興を支援し、震災の記憶を未来に継承するデジタルアーカイブズ	

chapter 3 持続可能な「生圏」のランドスケープを展望する

3-1	自然環境のモニタリング	094
	震災により変化した自然環境の把握・観察とその適切な再生支援	
3-2	土地と景観のプロファイリング	098
	文化的なインフラとしての土地情報の蓄積	
3-3	生活の基盤となる景観の再生	102
	文化のはじまりとしての景観	
3-4	沿岸部におけるモビリティの向上	106
	三陸沿岸トレイルの提唱	
3-5	流域を単位とした地域環境像	110
	沿岸部と内陸部の連携・交流による地域振興	
3-6	新しいコンセプトの公園(パーク)	114
	エリアマネジメントを媒介する空間領域	
3-7	バックアップ都市の関係構築	118
	機能の代替を可能とする都市間連携の可能性	
3-8	地域資源の新たな活用を通じた風景の自立	122
	観光振興からの復興まちづくり	

● postscript
震災復興の長期的展望と実践にむけて 127
森山雅幸 | 公益社団法人 日本造園学会東北支部顧問

用語集/本書に使用されている専門用語の解説 130

執筆者紹介 134

introduction

ランドスケープ再生を通じた震災復興

武内和彦 公益社団法人 日本造園学会
東日本大震災復興支援調査委員会委員長

　このコンセプトブックは、日本造園学会に設置された東日本大震災復興支援調査委員会のこれまでの活動を中心にとりまとめたものです。私は委員長として、調査チームの活動や議論の成果のとりまとめに関わりながら、私自身も機会あるごとに社会に発信してきました。本書を執筆した学会員の皆さんは震災復興の問題を非常に大きな転機と捉え、「どう対応し、どのような復興の姿を描くかによって学会の社会的な意義が問われる」ことを自覚し、行動してきました。そのことを、今、改めて思います。

　私たちの活動を支えるものの一つに、生物多様性条約COP10でわが国が国際社会へと情報発信し、非常に大きな成果を上げた重要な考え方があります。具体的には、自然共生社会の実現を長期的な目標に定めつつ、里山イニシアティブのようなわが国における伝統的なランドスケープの再評価を通し、生物多様性と人間のさまざまな活動が調和した社会をつくっていくことができるか、ということです。

　今回の震災では、この自然に対する見方も再考を迫られました。自然共生社会の実現を考えるとき、私たちは自然の恵みについて評価し、その恵みを活かすように社会をつくらなければならないと述べてきました。しかし、今回の大震災で、自然は、私たちの生活を基盤から奪ってしまう大きな脅威であることも実感しました。もちろん、自然の脅威は、これまでいろいろなところで語られていました。しかし今回ほど痛感させられたことはなかったように思います。大震災の経験を踏まえ、自然は私たちにとって恵みであると同時に脅威でもあることを再認識して、二面性を持つ自然と向き合い、つきあえるような社会を築き上げる重要性を強く意識しています。

　こうした災害がおこる度に、防災の重要性が指摘され、さまざまな工学的な対策が検討されてきました。しかし、そうした対策の多くはこれまで、必ずしも地域に立脚したランドスケープを尊重する形にはなっていませんでした。今回の大震災以降、工学的な立場の方々からも、自然を「封じ込める」には限界があり、むしろ自然とうまくつきあうような「レジリエント」な社会を築きあげることが重要ではないかという指摘を数多くお聞きしています。このことは私たちの立場からみれば、ランドスケープの再生こそが、防災ではない「減災」——災害をうまくかわすことが出来る——社会を作りあげることにつながることを意味しており、日本造園学会は震災復興の本質に関わる分野を担っていると考えています。

　実際に私たちがどのような貢献ができるかを考えたとき、まず頭に浮かんだのは「里山里海の再生を通した震災復興」でした。沿岸部の被災地でも、とくに津波の被害が大きかったのは里山と里海がつながっている地域でした。2つのランドスケープの間に存在していた相互の関係性は近代化によって断ち切られ、里山は放置されて、里海は人工化が進んでいました。今回の津波により非常に大きなダメージを受けた里海を、もう一度里山と里海の関係性に依拠して、地域とともに再生させていくことは私たちにとって非常に重要で意義深い課題です。たとえば高台移転に関しても、単に高い場所を造成すればよいわけではなく、里山里海の関係性をより強化し、レジリエンスの高い地域にしていくためにどのようなことができるか？　という観点に立たなければならないでしょう。私たちは、この本の中で「生存のランドスケープを創出する」、「生業と生活のランドスケープを再考する」というテーマを通じ、そのことについて、より具体的に語っていきます。

　今、日本の社会は少子高齢化の問題に直面し、被災地では、人口減少や高齢化がさらに進むことが考えられます。それらの問題をランドスケープの再生と共に考えることは都市計画や国土計画の観点からも極めて重要です。また、農林水産業を中心とした産業の再構築も急務ですが、その際にもランドスケープが産業や生活の再生を考える極めて重要な視点になります。この本ではそうしたことについても検討しています。

　最後に、この本を通じて特に強調しておきたいことは「地域が本当の意味で豊かな地域になっていく」ことの重要性です。「物的なランドスケープが再生されればよい」のではなく、「人々が地域のなかで誇りを持って暮らしていくことができる」、いわば文化的な資産としてのランドスケープをどのようにしてつくりあげ、次世代に継承していくか、今、私たちが真剣に考えていかなければならないと思います。

　なおこの本では、被災した福島第一原子力発電所の事故が原因となった災害からの復興については積極的に取り扱うことを控えました。放射線による環境汚染問題にとりくむには技術的にも倫理的にも未解明な点が多く、ランドスケープの分野が、主体的に自らの課題とするには時期尚早であるとの判断によるものであることをご理解ください。

chapter 1 「生存」の
ランドスケープを
創出する

1-1 咄嗟のランドスケープ
とっさ

生死に関わる地域の
ランドスケープ構造の顕在化

「適切」な避難の重要性

　被災地において、被害状況を観察したり、逃げ延びた被災者の方々のお話を伺ったりしながら私たちが痛感したことの一つは、適切な避難の重要性でした。

　避難の「適切さ」には二つの側面があります。ひとつは速さです。状況を検討したり考えたり、準備に時間をかけたりするよりもとにかく早く、短時間に決断して避難を開始すること。もうひとつは方向と場所です。無闇に移動するのではなく、安全性の高い場所に向けて効率よく移動すること。

　強い地震といういわば「警告」のあとで、きわめて短時間に取った行動が文字通り生死を分けたという事例を、私たちは多く見聞きしました。

　私たちの生は、様々な規模の社会制度や環境によって支えられています。個人を支える家族、ご近所の知り合いや友人、企業、地域の共同体、町村から国家までの行政区、国際関係、というように、それぞれの社会制度の単位にはそれらを支える社会制度や状況があり、それぞれの社会制度にはさらにそれらを支える施設や地域などの「空間的基盤」が設けられています。

　今回の震災は、激烈な自然災害はこうした様々な規模の基盤に対して横断的にダメージを与えうること、一方でそれぞれの基盤は段階的に、個人が生き延び、家族が再集し、共同体が再興し、街が復興してゆく、というように、いわば「生存のフェーズ」を踏んで再興するということを示しました。

　重要なことは、どの規模や階層の社会システムも、その最小単位である「個人の生存」がすべての前提になっている、ということです。身も蓋もない言い方ですが、人が生き延びることなしには、その先の共同体も都市も地域も意味がありません。そしてその「最前提」は、発災時の個人の数分単位の行動に左右されたわけです。私たちが個人の避難を最初の課題として掲げたのはこういう理由によります。

　「咄嗟のランドスケープ」とは聞きなれない言葉です。通常、「ランドスケープ」は環境や風景といった、広域的・長期的な物事を対象にした考え方であることが多く、「咄嗟」という言葉をランドスケープに被せることはありません。これは、私たちが気仙沼市の市街地が港湾施設の被害状況を調査しながら、それこそ咄嗟に口に上った造語です。

　「適切な避難」はもちろん、個人の咄嗟の判断によるところが大きいわけですが、加えて、必要に応じて身体が無意識に反応するような素早さで適切な避難を「してしまう」空間の作りがあるのではないか、そういう条件を街の景観や環境を整えることで補強できるのではないか。これが、私たちが「咄嗟のランドスケープ」と呼ぶものです。

「適切な咄嗟」を支える空間基盤

　「咄嗟のランドスケープ」は、空間的・環境的な「設え」と、それを利用しながらの「運用」の両面で成り立つと考えられます。

　多くの居住空間や執務空間において、施設自体の耐震や防火、建物から外部への避難経路の確保などは、建築の必要な性能として計画されています。建物の安全に加えて考えるべきことは、次の場所へ避難する行動を助ける空間の性能でしょう。建物の外へ一歩出た際に、咄嗟にどちらに向けて移動を始めるかという判断は、視覚的に強いサインなどが大きな助けになると考えられます。避難の方向と目的地の所在は、解釈の余地のない具体的な指示である必要があります。

　付近の高台や避難施設などの安全地帯の位置が普段から明確に見えていることも重要でしょう。自宅や仕事場の窓から、あるいは道路を移動しながら、安全地帯がランドマークとなって常に見えていること。街の中の方角や距離の手掛かりになるような見え方であれば、まずはそこを目指して移動するという決断が容易になります。例えば道路斜線や天空率のように、その地区では建物の高さや屋根の形状を制限してでも、特定の安全地帯の可視を阻害してはいけない、という建築コードも考えられます。

　多くの自治体では、歴史的な津波被害の実績や現在の地形などから算出して色分けをした洪水・津波危険地域地図（ハザードマップ）が整備されています。ハザードマップには

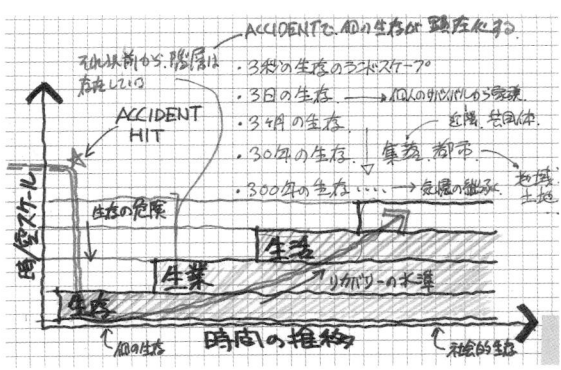

図1｜生存のランドスケープ

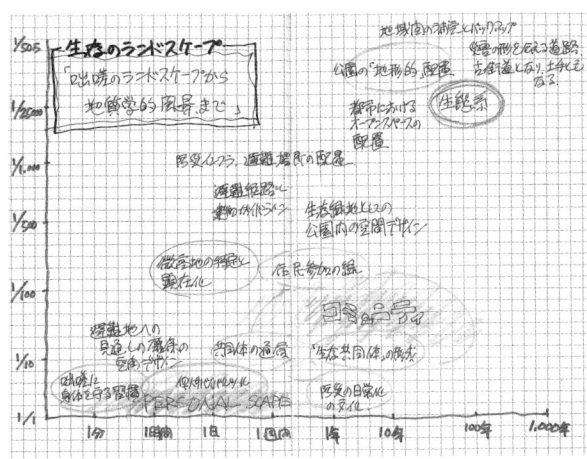

図2｜咄嗟のランドスケープ

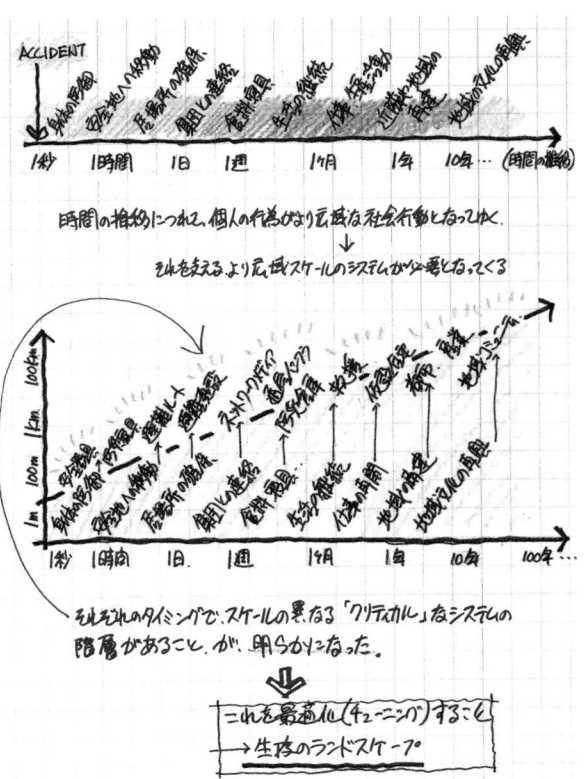

図3｜「咄嗟」の段階

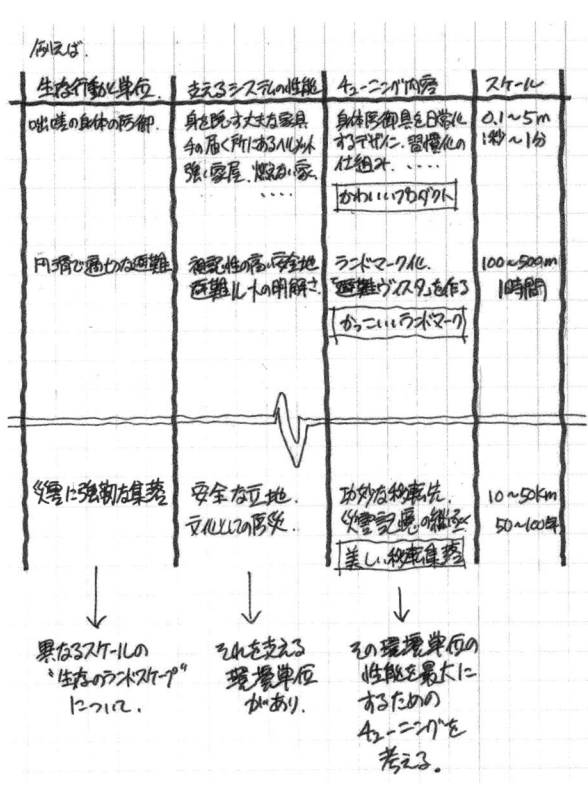

図4｜咄嗟のランドスケープから
生存のランドスケープへの最適化（チューニング）

今回の災害の実績をさらに加えつつ、マップに掲載した情報をいかに実空間に展開して、その土地で目に見え、手に触れて感じられる「実体情報」に変換するかが課題でしょう。

避難を開始する際に、自分が現在身を置いている場所が災害リスク的にどのような位置なのか、ということを「知っておく」こと、または咄嗟に「わかる」ことは重要です。「釜石の奇跡」として有名になった「津波てんでんこ」の発想と運用は、むろん、安全な高台への避難訓練を繰り返し、高台への避難がいわば身体化したことで機能したわけですが、訓練を受けていた児童らが定期的に高台へ行き、自分たちの街や学校の校舎を見下ろすという習慣を得ていた、これがもたらした地理感覚も大切であったと思われます。

津波の来襲による市街地の破壊の様子を撮影した映像の多くが一次避難場所の高台から撮影されていることは示唆的です。高台から街を見渡すことによって、市街地全体の「地形」を眺め、高台と低地の位置関係や、街と海との位置関係に親しんでおくこと、市街地を「一望できる場所」を確保して定期的に訪れることは、場所のリスクを把握する助けになるはずです。

「咄嗟のランドスケープ」の風景化への試み

株式会社日建設計の羽鳥達也氏ら、若手社員がボランティアでチームを作り、独自に提案している「Run & Escape Map」は、対象地域の地形図にこれまでの津波被害の範囲を重ねて津波リスクの濃淡図を作成し、そこに道路の傾斜などの条件から算出した徒歩避難の想定時間を重ねた「逃げる時間地形図」とも呼ぶべき図で、今後のハザードマップの図式を考えるにも示唆的なものです。羽鳥氏らのチームはこの図をさらに、集落移転の提案へ応用したり、他地域に応用する試みをされようとしています。情報の実空間への展開も含め、注目に値するプロジェクトです。

日本造園学会関東支部主催の学生ワークショップで提案され、2011年度の東北大学「景観開花。」実行委員会主催による土木デザイン設計競技で最優秀賞を受賞した提案、東京農業大学の松本亜味氏らによる「ほねまち──津波に強い平野のまち」は、高台という地形のない仙台平野南部で、盛土の土手をもった幹線自動車道が安全地帯として機能したという事実に注目し、平野における津波を回避できる数メートルの微地形を土手状に造成し、枝状に集落の街路に接続して、既存の集落の「逃げ足」を速くする、というものです。実際の建設には様々な課題がありますが、避難の経路を「風景」として計画するという考えは、まさに「咄嗟のランドスケープ」に他なりません。

ランドスケープの計画やデザインは、土木や建築といった都市的な施設の建設に対して、いわば「都市でない場所」を作ることで、都市と、それを支えるより広域の環境とを調停しようとする役目を自ら任じてきたと言えます。震災以降、ランドスケープはこの「都市─自然」という枠組みを一旦保留しておいても、「人と人を取り巻く社会制度と環境が生存すること」という観点から新たに風景の意味を見出さなければならない、と私たちは考えています。

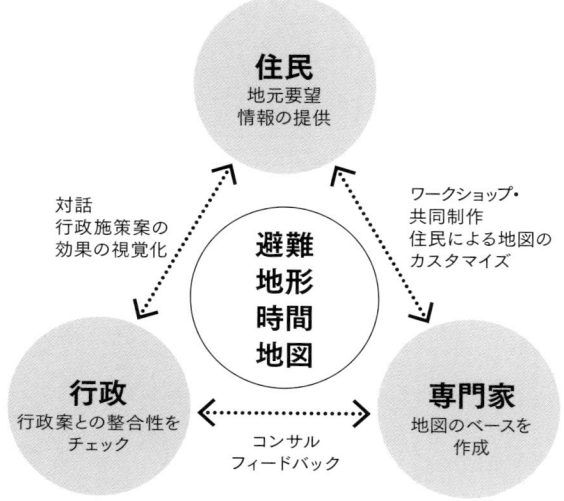

図8｜「逃げ地図」ダイアグラム

●図版／註
図1, 2, 3, 4｜「咄嗟のランドスケープ」の概念図。被災地調査時にメモしたもの。
図5, 6, 7, 8｜「Run & Escape Map」。日建設計震災復興ボランティア気仙沼チーム（羽鳥達也、穂積雄平、谷口景一朗、長尾美菜未、小野寺望、今野秀太郎、小松拓郎、馬場由佳）
口絵(p.008)｜「ほねまち」。日本造園学会関東支部、学生ワークショップ参加メンバー（小堀貴子、矢作岳、鈴木南、松本亜味、北岡正裕、作田裕花、篠原将太。　社会人チューター石川初、近藤卓、高橋良輔）

図5 | 逃げ地図

図6 | 応用逃げ地図

● 議論2
どのルートが最短なのか？

地元の情報を寄せ合って
カスタマイズしていくことができる

路側帯を
避難方向表示にした
イメージ

図7 | 「逃げ地図」の空間化

1-2 「高さ」の風景

緊急避難地を
わかりやすく伝えるまちづくり

　東日本大震災においては、100年に一度と言われる大規模な津波が甚大な被害をもたらしました。そのなかでも生死の境を分けたのは「高さ」でした。インターネットを通じて世界中に配信された被災状況を伝える数多くの動画は、高台や建物の高層階から撮影されており、そこに避難できた方々が一命をとりとめたことの証ともなりました。

　安全な「高さ」の確保は復興計画の重要な課題であり、過去の津波被害の検証、避難場所となる高台や市街地の堅牢な建物の再確認・再整備、安全な避難経路の確保と避難体制の見直しなど、ハードとソフトの両面から防災計画の立て直しが図られています。

　本章では、安全な「高さ」をわかりやすく意識させる手立てとともに、新たなまちの風景として親しまれ、愛されるためのデザインを考えてみたいと思います。

平地における「高さ」の顕在化

1. 微高地が果たした役割

　海岸公園冒険広場（仙台市若林区荒浜）の高台に避難した公園職員2名、近隣住民3名と2匹が自衛隊のヘリによって救助されたことは、多くのメディアに取り上げられ、公園の防災機能に対する信頼を高めました。

　この高台の標高は約13.6m、頂部の展望台の高さは15.89mでした。その後の調査で、標高13m付近まで波が打ち寄せた形跡が認められましたが、海岸線にほぼ直交する舟形の形態により、浜堤、貞山堀を越えてきた津波の勢いを南北方向にいなしたと見られています[1]。これにより、ランドフォームの重要性も再認識されることとなりました。

　また、仙台港北IC（仙台市宮城野区）と亘理IC（宮城県亘理町）を結ぶ約24.8kmの仙台東部道路は、高さ7～10m、周辺より6mほど高い盛土構造により堤防の役割を果たしました。瓦礫を巻き上げて押し寄せる高さ2～3mの津波から逃れる住民の避難地となり、西側市街地への海水の浸入を防ぎました。以前から地域住民の要望もあり、震災後には5か所の仮設階段が設けられ、緊急時には住民の一時避難の利用が容認されました[2]。その後、2011年9月にはコンクリート階段に付け替えられています[3]。

　仙台平野においては、居久根や祠が立つ微高地の損壊の程度が比較的軽微であったことも報告されています。元来、洪水や津波の被害にさらされる河川下流の氾濫原では、流路に沿って土砂が堆積した自然堤防（微高地）の上に集落や畑をつくり、周囲を水田として利用してきました。津波の被害を受けた境界には石碑や神社が建立され、後世に教訓を残しました。旧街道も排水性能を確保するために、微高地を結ぶように計画されたと考えられています[4]。江戸以前は地形や地質を注意深く読み込んだまちづくりや集落の立地がなされていました。

　明治以降、近代の産業振興と人口増加が市域の拡大を促し、造成技術及び重機の発展が悪条件の土地開発を可能としました。その結果、先人が大切にしていた土地とのつながりが断絶し、災害の記憶が希薄となったことは否めません。

2. 高さの確保と緑の帯

　復興のまちづくりでは、安全な「高さ」の所在を再確認し、視認性を確保して、まちなみに隠れてしまわないことが大切です。そのためには、地盤の嵩上げと同時に、避難経路となる道路に高さを与えることが有効です。[図1]

　平野部の農地では、海水を被った表土を入れ替え、残土を港湾施設の埋立や公園緑地の築山造成に活用しています。これを利用して、避難経路の道路の盛土を行えば、周囲からの視認性と安全性が高まります。さらに、公園緑地と接続させることで、徒歩圏域に配置された公園緑地の防災機能との連携が可能となります。

　一方、道路の盛土により地域が分断されてしまうことが懸念されます。これに対しては、盛土斜面に塩害対策を講じた緑化を施すことにより、日常の生活動線を快適なものとし、緊急時の目印ともなる緑の帯を、市街地の隙間を縫うように展開することができます。

　復興に関わる公園緑地計画においては、面的な再整備に加えて、安全な避難、円滑な物資の輸送を支える道路や鉄道、港湾といった交通インフラとの線的な連携が重要です。それにより、高い防災・減災機能を保持した、安全・快適で美しい街並みを形成する公共空間を実現し、その

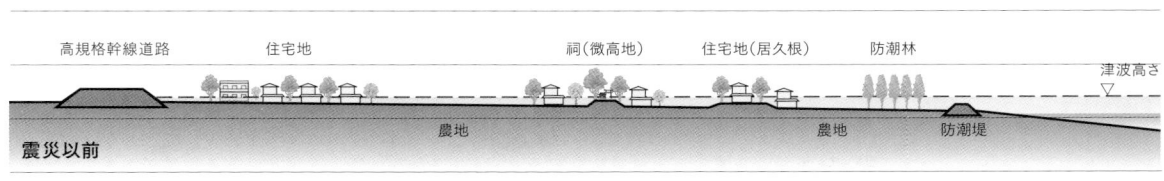
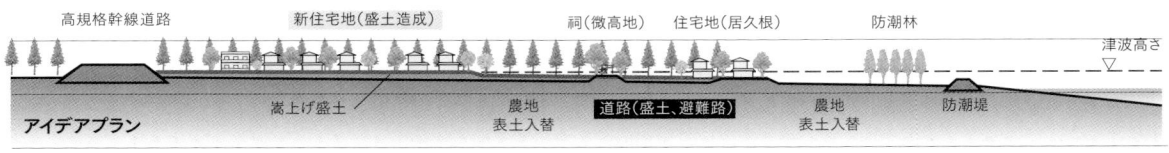

図1 | 平野における高さの顕在化イメージ　　　　　　　　　　　　　　　　　　　　　　　■ 新たに出現する風景

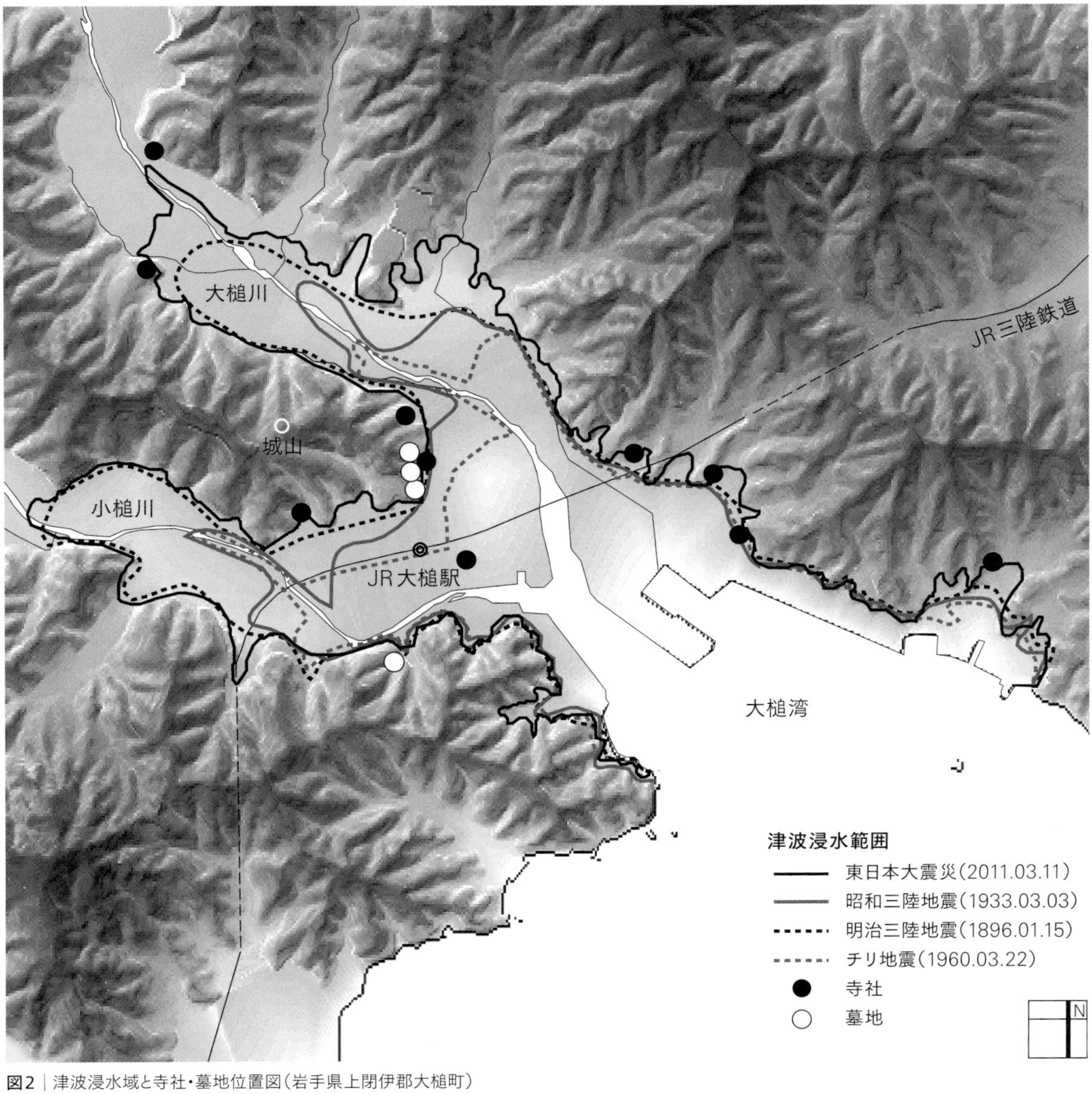

図2 | 津波浸水域と寺社・墓地位置図（岩手県上閉伊郡大槌町）

意義を後世に引き継ぐことができます。

沿岸における「高さ」の顕在化

1. 高台が果たす役割

東北の三陸沿岸はリアス式海岸で知られ、津々浦々の狭小な平坦地に集落が点在し、河口部の開けた土地に港湾施設と水産加工場、駅周辺に中心市街地が立地しています。

海に寄り添う暮らしは、津波の危険と常に隣り合わせです。今回の地震からさかのぼってみても、明治三陸地震（1896年6月15日）、昭和三陸地震（1933年3月3日）、チリ地震津波（1960年5月23日）と、30〜40年ごとに津波の被害に見舞われてきました。そのたびに、山裾を削り平坦地を広げた結果、斜面の崩落・落石、いわゆる「山津波」の危険性も助長してしまいました。地震が起これば、海と山からの危険を警戒する必要であり、高台移転の候補地が海から離れた場所となる要因となっています。

気仙沼市の漁港周辺に暮らす住民の方、および水産加工関係者へのヒヤリングでは、地震と津波を一体として捉え、高所に避難する意識は高いことがわかりました。会社独自の判断で、裏山にいち早く避難誘導した例もありました。一方で、住宅地の背後の丘陵への避難路がわからず、麓の幹線道路を避難する車とともに多くの方々が波にさらわれました。埠頭の西側にかかる橋を目指した車列の一部は、南下して海に向かっていました[5]。車は使わず、遠くより高くへ逃げることは周知されていても、実際の判断の難しさもあり、「高さ」の顕在化と避難経路の確保、適切な誘導体制を備えることは重要です。

2. 高台、高所の記憶

多くの市町村のまちづくりにおいては、高い防潮堤を築き、避難ビルを配置し、高台に避難所を指定して来るべき災害に備えていました。歴史的にも、安全な「高さ」を示す史跡が残されています。

今回の避難所となった寺社は、かつての大きな津波の難を避ける高さに再建され、津波被害を伝える津波記念碑も各地に建立されています[図2]。岩手県宮古市姉吉地区では、12世帯40人が津波記念碑のある場所に避難した結果、津波が約50m手前で止まり難を逃れました[6]。

多くの集落の高台移転が計画されていますが、これに学び、学校や高齢者施設に向かう日常の生活動線において、山と海、寺社と平野の高低差を見せる場所を設けるなど、「高さ」の記憶を継承する手立てを講じることは有効です。

一方で津波被害を伝える動画が撮影された場所は、住宅地の裏山の中腹にあり、狭い平坦地がフェンスで囲まれただけでした。こうした場所は、観光客でもとっさに気付き、迅速に避難できなければなりません。釜石では山に向けて直線の道路がはしっていますが、家屋倒壊、道路封鎖による方向感覚の喪失に備えて、避難地までの方向と距離を表示した見やすいサインの設置なども重要です。

こうした場所の存在を後世に伝えるために、サクラやモミジを植栽し、花見や紅葉狩りなどで訪れる機会をつくることも有効です。街が復興する様子を見て、震災のことを語り継ぐ慰霊の場ともなるでしょう。

新たな「高さ」の顕在化

地形を活かした高台とは別に、防潮堤や嵩上げされる地盤、橋梁や道路、避難ビルなど、安全を確保するための新たな「高さ」が人の手によって造り出され、顕在化します。

特に防潮堤は、高さ14m以上に計画されているところもあります。安全性の向上が図られる反面、海との連続性、視認性が妨げられる不安感や観光への影響が懸念されており、地元住民の間でも賛否両論に分かれています。

気仙沼市の漁港に隣接する魚市場は避難ビルに指定されており、車500台と1000人以上の住民が避難しました。津波は3階相当の屋上までせり上がり、湾内を往来しましたが、相当数の方々の命を瀬戸際で救いました。その後、道が瓦礫に埋め尽くされ、しばらく孤立した状態に置かれました。防潮堤の高さをあげ、強度を高めることに加えて、避難ビルと連携させることで、緊急の避難経路を確保することが可能です。日常的には、海や山、街並みへの眺望を楽しむ回遊動線として観光に活用することも考えられます。まちを支える構造物の積極的な利用を検討することで、人々の暮らしとの結びつきを深めることが大切です[図3]。

一方で、高台につくられる居住地と防潮堤との間には、商業業務地区が計画され、職住分離が進むと考えられます。地域人口が減少傾向にあり、水産加工施設が集約されると、余剰地の発生も懸念されます。これに対して、水際線の防潮堤の高さを一気にあげるのではなく、嵩上げされる地盤や道路敷の高さを同程度に設定することで、有効活用する土地の集約化を図ることも考えられます。海に近い土地を公園緑地や湿地とすることで、生物多様性の向上を図り、自然と共存したまちなみを形成を図り、新たな観光需要を生み出すことも可能です[図4]。

新たな「高さ」の顕在化について、災害への備えとする一方で、様々な可能性を見出し、苦難を乗り越えて、自然との共存を目指す故郷の原風景となることが望まれます。

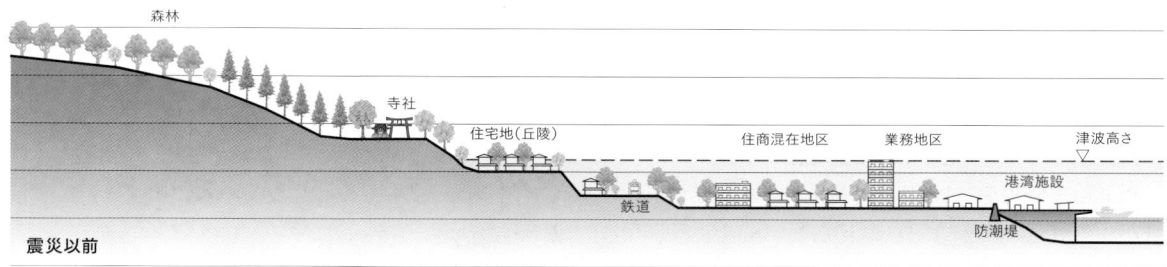
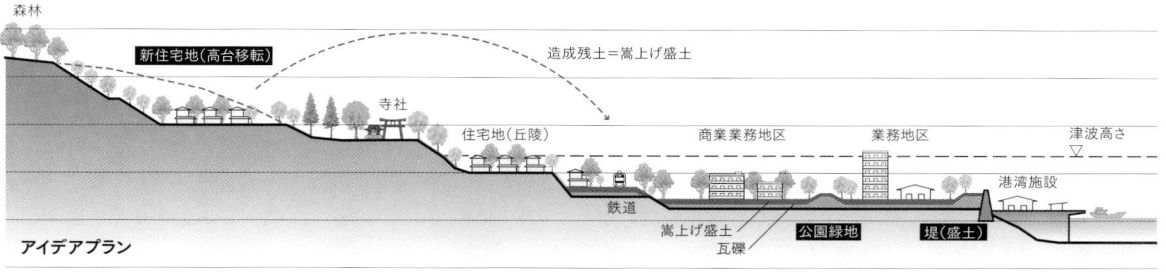

図3 | 沿岸における高さの顕在化イメージ

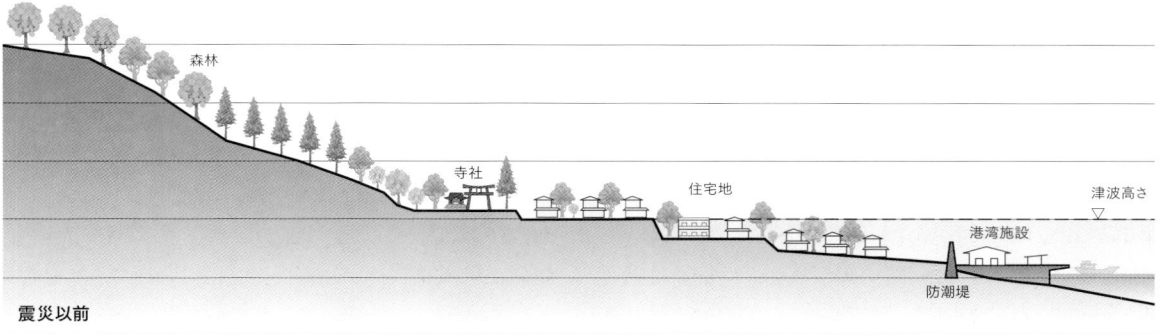
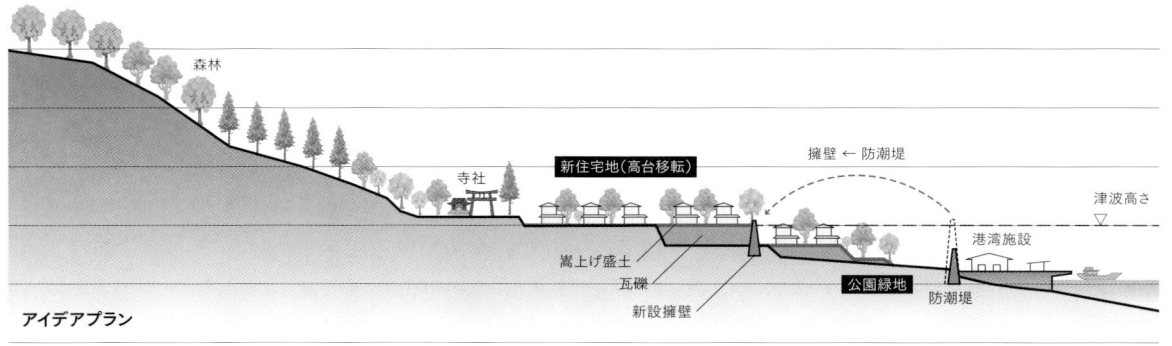

図4 | 防潮堤の高さの顕在化イメージ

○ 註

1 一般社団法人日本応用地質学会_3.11東北地方太平洋沖地震関連情報より
2 東部道路津波から住民救う 仙台・六郷、2011年4月3日、河北新報
3 仙台東部道路の今、2011年8月20日、助け合いジャパン
4 東日本大震災　先人は知っていた「歴史街道」浸水せず、2011年4月19日、毎日新聞
5 (社)日本造園学会東日本大震災復興支援調査委員会第一次調査（2011.4.29～5.1）、同第二次調査（2011.10.28～30）
6 此処より下に家建てるな…先人の石碑、集落救う、2011年3月30日、読売新聞

1-3 生存・救済のための公園緑地

水平避難と垂直避難のネットワークによる
緑の災害インフラ整備

三つの大震災と公園緑地

　わが国の過去の地震による大災害史を振り返れば、関東大震災や阪神・淡路大震災において公園緑地は災害時の生存・救済のインフラとして機能し、防災や減災のための公園や緑地の計画技術が飛躍的に進展してきました。

　関東大震災、阪神・淡路大震災は、都市集積した低地平野部での火災延焼型、家屋倒壊型被害であり、密集市街地における生存のための避難行動、被災者救済のための救援・復旧活動に対応した公園や緑地計画のあり方が提言されてきました。しかし、今次の津波被害への対応では、低地から高台への垂直方向避難、さらに高台の防災拠点からの救援・復旧活動といった垂直方向の移動を考慮することが求められます。また、高密度に都市化した市街地では、元来、都市基盤としての公園緑地系統が発達しており、その充実によって防災・減災のための公園緑地が整備されてきましたが、今次の低密度集落型では、日常生活において育まれてきた高台に位置する社寺の境内、入会地の広場などのセミパブリックなオープンスペースが、数少ない既存の公園緑地を補完するような身近な安心・安全の拠点として活用されることが求められます。

　一般的に、防災や減災に寄与する公園緑地は、二つの側面があるとされています[1]。一つは災害の危険性を回避、軽減する緩衝系としての役割、もう一つは災害時の避難や救援・復旧に寄与する利用系としての役割です。緩衝系としての役割は、日常的には主に防風、防潮機能などがあげられますが、災害時には延焼の拡大軽減（焼け止まり）、今次の津波災害では、特に海岸林による津波エネルギーの減衰機能、居久根の屋敷林による漂流物の捕捉機能、農用地による湛水機能などが着目されつつあります。利用系としての役割は、発災後の時間経過に対応して、避難機能から救援・復旧機能に転換し、二つの機能を担うオープンスペースは空間的に一致し、時間的には機能が重層化しています。

　今次の東日本大震災のような未曾有かつ今までに経験のない津波大災害において、江戸時代に「岩沼宿」から「坂元宿」の区間において太平洋岸の主要街道として敷設された「浜街道」は、今回の浸水域からわずかに内陸部に位置し被害を免れたこと、リアス式地形の南三陸町では標高20mの地に神社が建立され、そこが今般の津波被害に際して浸水を逃れ、避難地となり、多くの人命を救ったことなどに見られるように、今後の復興に向けた視点として先人の知恵に学ぶことは、私たち現代人の宿命のように思われます。ここでは、過去の二つの大災害、関東大震災、阪神・淡路大震災後の復興過程における先人の知恵を振り返りながら、東日本大震災に対応した生存・救済インフラとしての緑地計画、公園計画を提案します。

生存のインフラとしての緑地計画

　関東大震災（火災延焼型）後の復興に際して、日常時の都市の修景、住民の保健・休養、災害時には住民の安全な避難地、避難路、火災発生時の延焼防止帯として、大、中の公園と広路（公園連絡路、幹線広路）を網目状に連絡すること、焼失地域の10％以上の公園、広路面積を確保することが目指されました[2]。

　阪神・淡路大震災（都市直下型、家屋倒壊型）時には、都市公園を中心とする緑とオープンスペースは、避難地としての機能や火災延焼などの被害拡大の防止機能を果たすとともに、応急避難生活の場としての利用、被災者への救援活動の場としての利用、復旧・復興の拠点としての利用などが重層的に行われました[3]。震災後の復興に際しては、災害時の避難に救援という観点を付加した「広域防災拠点」、日常はコミュニティを育み、災害時は避難や復旧の拠点となる「コミュニティ防災拠点」など、広域スケール、地域スケール、地区スケールといった空間スケールと発災時の直後段階、緊急段階、応急段階、復旧・復興段階といった時間スケールを加味した防災公園の新たな体系[1]が示されました。

　上記2つの大震災後の復興過程における緑地計画に共通する基本方針は、平野部の都市直下型地震の被災状況（延焼、倒壊）に対応する緑のオープンスペースの水平的な網の目状のネットワーク形成を目指したものであり、今

図1｜帝都復興計画政府原案・甲案（1923年）[5]

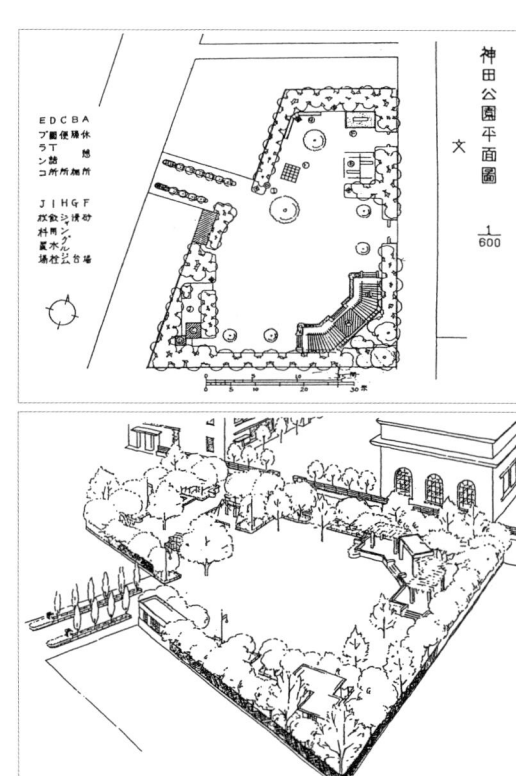

図2｜神田公園平面図及び鳥瞰図[5]

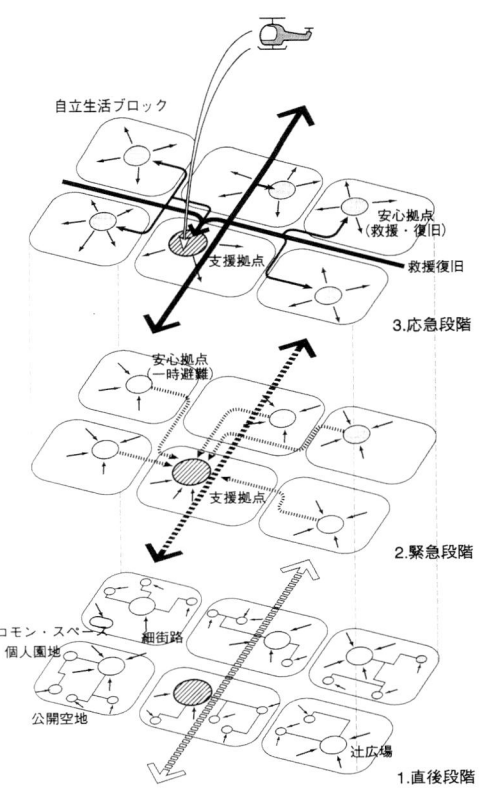

図3｜地区スケールでの体系[1]

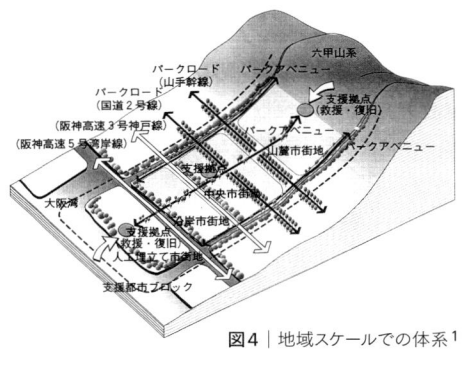

図4｜地域スケールでの体系[1]

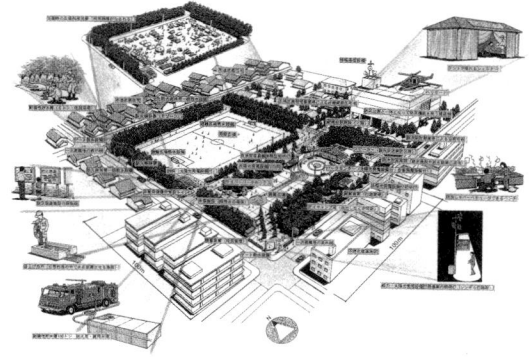

図5｜一次避難地の機能を有する都市公園モデルプラン[6]

次の大震災後の復興過程においては、その被災状況（津波）と立地特性（リアス式地形）を踏まえた緑地計画の基本方針の進化が求められます。被災状況からは、「高台への速やかな避難路の確保」、「津波の減衰機能を備えた配置」、立地特性からは、「水平的なネットワークを補完する垂直的なシステムの導入」が重要な要件であると考えます。この要件に対応するランドスケープモデルの提案として、浸水想定区域において、谷戸を横断する帯状の緑地を海岸部から複数列配置し、災害時の避難路および津波の減衰機能、延焼の抑制機能を担保し、日常的には、防潮、防風機能の向上を図った良好な帯状の土地の提供、レクリエーション、観光、産業などの活動を促進する緑地の提供を目指しています。また、帯状の緑地を垂直的なシステム（上下動線の強化、中腹部の広場と遊歩道の設置）と連動させることによって、高台にある既存の広域避難所（学校、総合運動公園など）や社寺の境内地などとの連携を強化した生存のための防災ネットワークづくりの実現も目指しています。

救済のためのインフラとしての公園計画

関東大震災後の復興過程において東京市において新たに三つの震災復興大公園（錦糸公園、隅田公園など）と五十二の震災復興小公園（児童公園）が産み出されました。五十二の復興小公園はいずれも焼失地域内の小学校に隣接して配置され[2]、地域コミュニティ施設としての役割を果たす小学校と災害時に避難地となる児童公園とを併置することで、被災者の保安機能の強化を図ることが目指されました。

阪神・淡路大震災後には広域防災拠点となる防災公園（国営公園・大規模公園等）、広域避難地となる防災公園（都市基幹公園等）、一次避難地となる防災公園（近隣公園・地区公園等）と避難路、これらに加えて身近な防災活動拠点の機能を有する都市公園（延焼防止、自主的防災活動拠点等）といった防災公園等の体系[7]が示され、各防災公園が災害時に果たすべき機能に応じた防災設備（備蓄倉庫、耐震性貯水槽、放送施設、情報通信施設、ヘリポート、延焼防止のための散水施設など）整備が図られるようになりました[4]。

上記2つの大震災後の復興過程における公園計画の基本方針では、「小学校との一体化（震災復興小公園）」、「防災機能の高度化（防災公園）」が、防災型公園という視点での主な特徴でありますが、今次の大震災後の復興過程においては、「津波による浸水被害からの一時避難地」としての役割が最優先の要件として求められます。この要件から、公園・広場を尾根の中腹部（標高20m程度）に整備（新設もしくは改修）することによって、一時避難（半日～1日程度）を確保し、合わせて、避難中の孤立化をなくすための水平の遊歩道を中腹部に整備することによって、公園・広場の既存小学校との一体化や防災機能の高度化（高台の防災公園との連携）による救済のためのネットワーク型の防災公園システムの実現を目指しています。また、公園・広場および遊歩道に向けた上下動線（階段、スロープなど）の強化（設置箇所数、幅員など）することによって、災害時の避難経路の選択肢を拡張し、日常的には、通学や通勤、町のイベント（祭り、花見など）などの反復利用による潜在的な避難行動意識の定着も目指しています。

おわりに

以上の水平避難と垂直避難のネットワークによる緑の災害インフラ整備が、日常的に忘れがちな防災意識を穏やかに喚起し、発災時には十分な防災・減災機能を果たす生存・救済のためのインフラとして、千年という時を超えることのできる町の緑の骨格となることによって、「津波てんでんこ」と呼ばれる口頭伝承を支援する為の行為伝承の場となることを期待しています。

●引用・参考文献
1 社団法人日本都市計画学会震災復興都市づくり特別委員会復興都市インフラ研究部会：ライフラインから見た安全都市づくり──元気に暮らし続けるために、株式会社沿岸域環境研究所、pp.115-126、1997
2 前島康彦：東京公園史話、財団法人東京都公園協会、pp.146-172、1989
3 浦山啓充：都市の防災対策と公園緑地、公園緑地Vol.66（6）、pp.22-30、2006
4 建設省都市局公園緑地課、防災公園計画・設計ガイドライン、大蔵省印刷局、1999
5 石川幹子：都市と緑地──新しい都市環境の創造に向けて、岩波書店、p.226-227、2001
6 財団法人都市緑化技術開発機構・公園緑地防災技術共同研究会：防災公園技術ハンドブック、pp.46、2000
7 2004年10月に発生した新潟県中越地震を受けて、より市街地に近い立地での前線基地の必要性が認識され、2005年に防災公園に係る補助制度の体系に地域防災拠点（都市基幹公園等）が追加されました。

右ページ
図6（上）｜
生存のインフラとしての緑地計画のモデル図
図7（下）｜
救済のインフラとしての公園計画のモデル図

1-4 グリーンケアプロジェクト

被災者の心のケアに資する花やみどりによる
グリーンケアプロジェクトの推進

震災復興における花やみどりの力

関西では、1995年に発生した阪神・淡路大震災の復興支援を通じて、多くのみどりに関わる専門家や市民による活動が行われてきました。花やみどりを活用した活動の例として、中瀬・林らによる「緑のコミュニティデザイン」(学芸出版社、2004)には、「ガレキに花を、家に苗木を」、「専門家のネットワークが立ち上がる」、「みどりの力をどう発揮させるか」などの市民や専門家をつなぐネットワークづくりとその経緯が記されています。当時は、様々な場面でのコミュニティづくり、景観再生、そして人の心のケアにどのように花やみどりが活用されるかを模索しながら実践してきました。

東日本大震災における甚大な被害においては、阪神・淡路大震災の経験則からだけではカバーしきれないほどの広域的な被害、そして地震や津波、原子力発電などの多重な被害が人々を苦しめています。継続的な心のケアが求められる中、花やみどりの活用については実践しつつ、理論的な構築も求められるでしょう。

花やみどりを通じた心のケアに資する活動

日本造園学会関西支部では、兵庫県立大学緑環境景観マネジメント研究科や、淡路景観園芸学校の活動と共に、復興支援における様々な取組を通して花やみどりによる心のケアを通した復興支援に携わってきました。

1. ストレスとは／ストレスマネジメントとは

震災などの非常時事態には、多大なストレスが発生します。これは体内の防御反応の一種ともいえますが、ストレスが過重になると、外傷後ストレス障害(PTSD)や、うつやアルコール問題、ひきこもりなどの原因となったりします。今回の被害に対しては、生活再建や精神的な立ち直りへのストレスマネジメントが必要です。

震災後のストレスマネジメントに花やみどりを活用することによって、Ⓐ日常ストレスを減らす(ストレス耐性を強くする、ストレス症状発症の閾値を引き上げる[1])、Ⓑコミュニティ作り(仲間作りに資する会話での分かち合いや一人ではないという気持ちが持てるようになる)、Ⓒ未来志向型に認知を変える(過去と現在だけになりがちなストレス状態を未来へと目を向けるきっかけになる)などの効果があります。震災後、それぞれの被災者にとって、一定の月日が経った時点で、ストレスから生活再建へと移ることのできる被災者と、取り残され感に捉われる人との分岐点が生じます[2][図3]。

●仮設住宅支援における花苗緑化

2011年9月3日―7日の期間を通じて、宮城県内の仮設住宅にて上記のプロジェクトとして、プランターの設置を被災者とともに行いました。南三陸町の歌津の、「平成の森」及び「港地区」の2カ所の仮設住宅で実施しましたが、この2地区は居住者の選択の仕方において対照的であり、「平成の森」は比較的規模の大きな仮設住宅ですが、その入居者は抽選で選ばれており被災半年後ではまだ自治会がありませんでした。一方、「港地区」では規模は小さいのですが、自治会が土地を提供し、入居者の殆どは以前からのコミュニティを形成していました。

プランターによる花苗の設置自体は、説明を挟みながら、和やかに進みました。プログラム実施以降の展開については、自治会のないところは、新しく「花の会」の設置が提案され、既に自治会の動いているところは、互いの相互扶助による管理が提案されていました。プランターは、継続的な管理が必要で、それに関わることで、「外に出る」、「植物の世話をする」、「人との交流が生まれる」などの活動や交流、そして、達成感につながる様々なきっかけづくりとしてこのプログラムは機能しました。

2. 園芸療法を活用したヒーリングプログラム（フラワーアレンジメント）

フラワーアレンジメントのプログラム提供のために事前に行った研修では、上記のストレスマネジメントに関しての対処方法や、プログラムの効果を上げる手法について学習しました[1,2]。「震災時の状況を思い出させるような話しかけはしない」、「被災者から話された折には、共感することで相手の気持ちを開放するように努める」などの基本的なものから、様々な言動による心理状態の推し量りなど、専門的な領域にまで踏み込んだ研修を行いました。

写真1｜阪神・淡路大震災時に公園づくりワークショップが行われた神戸市須磨区の更地
写真2｜阪神・淡路大震災後、住民との話し合いで作られた神戸市兵庫区の街なかのせせらぎ
写真3｜花のお弁当箱
写真4｜平成の森　花苗緑化後の記念写真
写真5｜平成の森　フラワーアレンジメントプログラム

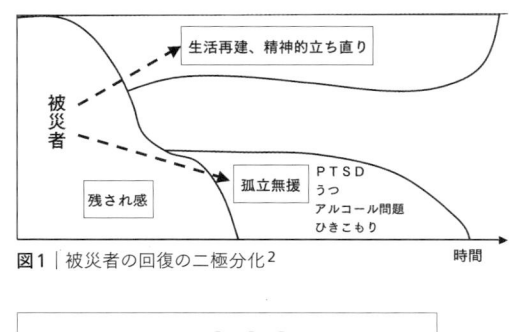

図1｜被災者の回復の二極分化[2]

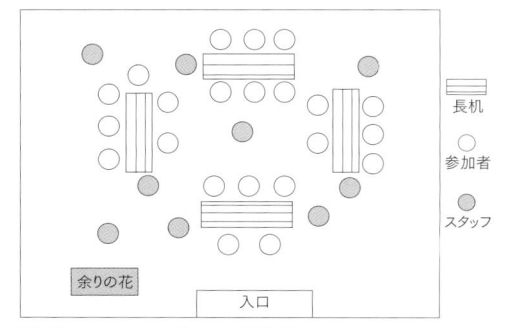

図2｜フラワーアレンジメントの配置図

また、プログラム内容に関しては、「参加者の会話を引出し、花のお弁当箱のネーミングなど、楽しい話題を提供しあうきっかけを作る」、「視覚で楽しむ花の色、嗅覚で感じる花やハーブの香り、触覚に触れる植物の手触りなどが推奨されました。プログラム後に茶話会などを催すことで、味覚を満足するハーブティやクッキー、そして聴覚にも訴える会話の楽しみなどを工夫する」など五感を活性化するための技術的面も学習しました。

参加した被災者からは「震災後半年たって、ようやくこのようなプログラムに参加する気持ちになった」、「震災後は、花と言っても、お葬式の白や黄色のものばかりで、フラワーアレンジメントに利用した色鮮やかな花を見てとても心が和んだ」、「ボランティアの方々はありがたいけれど、作業をするだけのボランティアだと殆ど話をする機会がない、今回、関西から大勢来られて話ができたことはとてもよかった」などの言葉が聞かれた。

今後の震災復興支援において、花やみどりを活用する際にも、その時期に応じたプログラムの内容について、事前調査等十分に検討していかなければならないでしょう。

3. 子どもたちへの遊びの提供（プレーパーク）

震災後は生活環境の変化が大きく子どもも大人も様々な我慢を強いられますが、遊びを通してそのようなストレスを発散させることが可能だと思われます。ここでは支援に出向いた南三陸町でのプレーパーク活動を中心に、特に子どもの癒しに貢献する遊び空間や活動のあり方について整理します。まずフィールドについて、被災直後は子どもたちの通学にはスクールバスが利用され集団での登下校を余儀なくされることから、仮設住宅もしくは学校で活動を展開することが有効であると考えられます。そして漁村の再生や集落移転など生活基盤が安定する時期に合わせて公園や空き地、神社などの多様なフィールドに活動を繋げていくことが大事でしょう。次に活動内容としては、子どもたちが自分たちの想いを発散させることのできる遊び（今回の活動でも震災後の気持ちを順番に言い合いながら長縄飛びを行う遊びを行いました）、没頭してストレスを発散できる時間（竹をひたすら切る遊びや自らが工夫を凝らすクラフトなどは夢中になれます）、仲間と共有できる遊び（ボール遊びなど集団で楽しめるもの、また今回の活動では昔ながらの竹の水鉄砲などは高齢者も参加して子どもも大人も楽しめる場となりました）などの遊びは有効と考えられます。また子どもの遊びに関する調査は重要で、どこでどんな遊びを行っていたかを調査し新しいまちづくりに繋げることも重要と思われます（現地では「こういう滑ることができる遊び場がいい。もっと滑る場所を知っている」など遊びに対しても、

提案や希望が出るなど将来への展開が期待されました）。最後に担い手については、例えば放課後児童クラブの指導員とともに活動を行うなど、地域の子ども生活支援の専門家とともに活動を展開することが、プレーパークが子どものケアの場としてより充実する意味で重要なことでしょう。

4. 仮設住宅の環境改善にかかわる提案

調査した仮設住宅の中では既に様々な工夫もされています。例えば緑を用いた生活環境改善の事例としては、緑のカーテン、花やみどりによる景観形成、室内にも花や緑を取り入れる、などです。今後は、野菜キットなどを活用したコミュニティづくりやベンチ＋花みどりによる交流促進の場づくり、緑化や芝生化を通じた遊び場スペースの確保なども実施していきます。

今後のプロジェクトについて

今回は、花苗緑化としてプランターを用いましたが、今後は地植えや個人ではなく、協働する緑化も必要です。フラワーアレンジメントプログラムは多様な効果をもたらすことが実証されたことから、その他にも芝草人形やハーブを用いた手や足の温浴、野菜キットを用いて収穫を行うなど、様々なプログラムが考えられます。

前述したように花やみどりを活用したストレスマネジメントは、五感を動かして脳の活性化につなげ、ストレスを軽減したり、共同で作業を行うなどの仲間づくり、そして植物の育ちを見たり、収穫する喜びを体感するなどの未来志向が生まれます。未だ生死の確認できない行方不明者も含めた追悼のセレモニーとしての鎮魂の花祭りなどは祭り事としてや心の拠り所として重要な役割を果たすことができるでしょう。

1. 活動の継続とコミュニティづくり

今後も活動を継続していくためには、現地で活動するネットワークとのつながりを大切にしながら、資金、資材、人の配置の拠点となる支援先を継続する、外部からの支援者もいつでも関われるという体制づくりなども求められます。それぞれの効果を正しく評価し、ストレスに対する花やみどりの効用や成果をより発信していくことも必要です。もちろん、必ずしも花やみどりでの効果が発揮される人ばかりではないことにも留意する必要があります。

心のケアを続けるためには

被災者の心のケアを続けていくためには、支援する人へのサポートが必須になります。被災者に直接関わる生活支援員、教師、医療関係者、行政関係者など現地で直接被

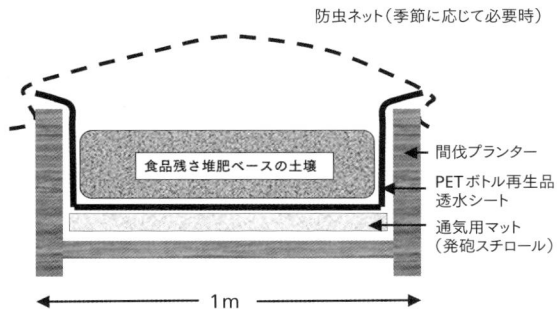

図3 | 皆で囲める野菜キット（同左）

災者を支援している方たちが燃え尽きないように、専門家とのネットワークは今後継続的に必要です。その他NPO等の市民グループ、企業、他地域からの応援等、多重なネットワークの形成が望まれます。

● 註／引用文献

1　リービッヒの栄養素の「桶の理論」を例にとると、栄養素の不足した状態を表わす水漏れのする桶を改善するために栄養素を補給することで桶の容量を大きくすることができる。同様に、花や緑を活用して心のケアをすることで、ストレスへの耐性をあげることができる。

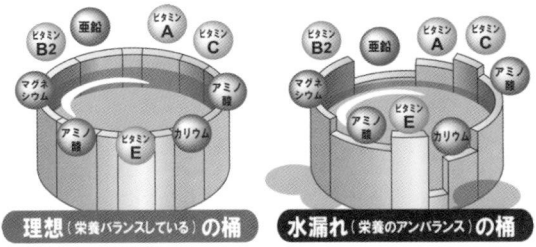

写真6 | 長縄跳びの中で震災体験を語る子どもたち
写真7 | 竹を使った遊び
写真8 | 野菜キットの事例（淡路景観園芸学校HPより）
写真9 | 仮設住宅への提案その1（日差しを遮る緑のカーテン）

2　トラウマ対応のマニュアルブック「金吉晴編．心的トラウマの理解とケア第2版．じほう、東京．2007．ウエブ版が公開されている。
http://www.japan-medicine.com/jiho/zasshi/35433/index.html

1-5 メモリアルの森・広場づくり

伝承と生存のための祭礼景観

何のためのメモリアルか

　本稿では、最初にメモリアルの意義について再考したいと思います。このような切り出し方は、この度の災害の重大さを疑う不遜な態度に響くかもしれません。確かに3・11の出来事は、多くの人々にとってあまりに深刻であり、被災地や日本全土、さらには多様で広大な自然環境に、しがみつくように暮らす全ての都市や集落の住民にとって、深く記憶に刻み込まれるものでした。これを次の世代が忘却しないための空間や景観を残すことは、大変重要なことです。

　しかし一方で、メモリアルの必要性やその具体的なあり方について認識を共有することは、復興に関する他の方針を共有することにも増して、困難を伴うのではないでしょうか。なぜなら、記憶に残そうとする出来事がどんなに大きく、強い影響を地域に与えたとしても、その出来事の記憶を社会的刻印として残すという公的な作業は、それが個々の当事者にとってどのような出来事だったか、という、私的で切実な回想を前にするとき、いともあっけなく、ある種の空虚な謙遜を身にまとわざるを得なくなるからです。そして多くの場合、当のメモリアルは誰もが本当には望んでいない政治性に巻き込まれて行きます。もちろん、そうした政治性による相対化の波にもまれてなお、優先的に記憶にとどめるべきと判断されたものが、物理的な姿をもって歴史に登録されるという、ささやかな地位証明を獲得するのは貴いことです。多くの場合、その中心は、失われた命の重さであり、3・11のメモリアルにおいても、慰霊碑としての形を取ることが多くなると考えられます。

　以前、筆者は自然景観の中に人の葬り場所を設ける「自然葬地」と呼ばれる葬送空間の計画と、それが形づくる景観の地域的な意義について調べたことがあります。その結果、死別という高度に個人的な課題を景観が受け止めるためには、実はその景観が持つ公共的な意味合いが大変重要であり、その公共性を担保するために、自然というものの介在が重要な役割を果たす場合があるという結論に達しました●。そうした立場からも、東北の自然に支えられた公共的な景観の中に、犠牲となった方々の霊を弔う場を設けることは、いかにも適切な事だと思います。

　ただ、津波という出来事のもつサイクルの長さを考えれば、たとえば100年以上の長い時間が経って新しい津波が訪れたとき、2011年の犠牲者の名が刻まれた記念碑を前に誰かがこうつぶやくかもしれません。「一体、このメモリアルは誰のためにあるのだろう？」3・11のメモリアルは、その公的な意義から組み立てる必要があると思います。

伝承の媒体として

　震災後約半年の南三陸町を訪れた際、地元の漁師の

カーライル市営墓地内の自然葬地。
イギリスの自然葬地では、私的なメモリアルの集積が
公共的な景観を形成している。

2011年9月の南三陸町田浦の様子。
いくつかの船は沖に出て被災を免れ、
仮設の番屋で漁業の再開に向けた取り組みが始まっていた。

方から「変な魚がとれていたので、津波が来ることは大体分かっていた」という言葉をお聞きしました。漁師の方々の中には、津波の兆候を海から読み取る術について先代から伝え聞いている方々もあったのだと遅まきながら知りました。漁業集落という個々の営みの集積がつくりあげる社会には、実生活のなかで、津波の体験が公的な記録によってではなく、浜に生きるための知恵という形をとって、人から人へと継承されていたのでしょう。

このような、形を持たない集団的記憶の継承のされ方を、ここでは伝承と呼ぶことにします。あえて伝承の話を持ち出すのは、3・11が物理的な姿をもって社会の記憶に残されるその形を問うとき、この出来事の特別さのために、幾分か特殊なメモリアルのあり方を考えなくてはならないと考えるからです。

その特別さの第一点目は、3・11が稀に見る規模の、かつ自然の災害であり、ひとたび教訓を得たとしても、地域社会としての備えが未来永劫十分な状態であることを現時点ではどうやっても保証できないだろう、ということです。そして、第二点目は、それにも関わらず、この種の自然現象は必ず繰り返されるはずであるということ（戦争などの人災のように、犠牲者を悼み、平和を願う人々の心で直接的に災害の発生を食い止められるという希望が全く成立しないこと）、それから第三点目として、多数の貴い人命が再び失われることを防ぐためには、「より高いところに逃げる」という単純で盲目的ともいえる生き残りの原則が、将来にわたって人々の意識に残らねばならないということです。

したがって、今、集団の記憶に残すべき事は、失われた人命の尊さと同じ程度に、将来における生存のための知恵なのであって、その伝承のための儀式の物理的核として求められるのがメモリアルである、といえるのではないでしょうか。広島の原爆死没者慰霊碑には「安らかに眠って下さい」という追悼の言葉に加えて「過ちは繰返しませぬから」という決意が書かれています。しかし、津波の場合は決意とは無関係に再び訪れるので、そのときに具体的な役に立たなければ意味がありません。3・11のメモリアルは、災害やその犠牲者、その後の社会的決意の歴史的記録という以上に、生存のための技術を伝承する媒体として、実質的な役割を引き受けざるを得ないことになります。

定量的記録と定性的伝承

言うまでもなく、津波の恐ろしさを次代に伝える必要については、浜に暮らす人々も了解していたはずです。たとえば、142名の死者を出した1960年の津波の高さを示す標識が、町には建てられていました。この標識によって、市民はチリ地震の際に町を襲った津波の高さを、日常生活の中で思い起こすことが出来たでしょう。

ただ、周知のように2011年の津波はこれを遙かに上回る高さを持って訪れています。結果、注意喚起のための標識が、発生し得る災害に対して現実を下回る規模想定を市民が行う切掛けをつくった可能性は否めません。しかし問題は、想定が甘かったとか、科学的予測が不十分だったとかという、情報の定量的な正確さにあるのではないと思います。そもそも、チリ地震の津波高さを示すことは、起こり得る災害の一例を示すことで、それ以上の高さの津波が無いことを示すものではないからです。それよりも、災害に対する備えやそれにまつわる知識の継承媒体を、定量的記録のみに頼ることの限界にこそ注目すべきではないでしょうか。

一方で、民間伝承はしばしば定量的な正確さには欠けるものです。そこでは、過去の出来事の数的情報は曖昧

広島の原爆死没者慰霊碑。「過ちは繰返しませぬから」と宣誓が書き込まれることで、人災としての公的性格が明示されている。しかし、自然災害の場合、誓うことによってその襲来を防ぐことは出来ない。

チリ地震で発生した津波の高さ、2.4mを示す標識（2011年9月南三陸町志津川地区）。2011年の津波で傾いた状態で残っていた。

な場合が多く、むしろ、どんなふうに、という質的な側面の表現に力を注ぎます。もちろん、何世代にもわたって語り次がれることで、その質的側面さえも、あるいは誇張され、あるいは抽象化されます。固定的な基準点よりも、出来事の感覚的な巨大さや、エネルギーの方向とでも言うべきものを、誇張されたベクトルで示します。伝承は、量の正確さを犠牲にする代わりに、人の心に世代を超えた感覚的記憶を埋め込むことで、時を経て異なった環境の中で類似の出来事が起こる場合にも、その感覚を呼び起こし、環境の特徴や兆候に反応する方向性を与えようとします。「変な魚がとれるから、津波を避けるために沖に出よう」という環境の読み取りから具体的な行動への繋がりは、こうした伝承の特性をよく物語っています。

本章ではハードとしてのメモリアルをソフトとしての伝承にすり替えようとしているのではありませんが、同時に、ハードとしてのメモリアルだけに話を限ろうとしているのでもありません。むしろ、ハードとソフトが未分化な、あるいは不可分な、伝承的メモリアルの可能性を考えることが求められていると思います。この特別な状況に応えるためにも、上述のような歴史的な視点からも、ソフトとハードの話を切り分けないことが、3・11のメモリアルにおいては重要だと思います。提案したいのは、伝承を目的とした空間的、活動的にも大規模なメモリアルの形、新たにつくられる祭礼景観というメモリアルの姿です。

祭礼景観

多くの祭りは、もともとメモリアルの役割を担っています。有名な京都の祇園祭が現在の形になったのは、東日本大震災との類似が指摘される貞観の地震および津波が起こった869年の御霊会であると伝えられていますし、和歌山県の広川町で行われる津波祭は、その名の通り1854年の大津波とその後の大防波堤の築造を記念して1903年にはじめられました。祇園祭は災厄の源とされた早良親王の鎮魂や、疫病の蔓延を防ぐための祈祷というのが直接的な目的でしたし、広川町の津波祭りは犠牲者の追悼や防波堤築造の功労者の記念が主眼でした。鎮魂も防波堤の築造も、それぞれの時代における減災の努力だったことを考えれば、これらに思いをはせることが有事の市民行動にプラスの影響を及ぼすことも期待されていたかもしれません。

しかし先に述べたような生存のための伝承は、これらとはやや趣を異にします。祭礼景観が歴史的記録だけでなくより具体的な生存技術の伝承を担うとき、また津波災害に特有の避難行動の重要性が再認識されているとき、たとえば、祭りは「逃げる」という行為そのものを取り込むことになるのではないでしょうか。そのとき、メモリアルは、逃げる、駆け上がる、あるいは運ぶという祭礼のパフォーマンスを受け止めるための高台として現れるはずです。

避難所となる高台の広場は、町とそれを取り囲む地形の規模によって、唯ひとつの場合も、複数の場合も、既存の高台を利用する場合もあれば、新規に造成する場合もあるでしょう。より高い既存の場所や山に接続していない状態で高台が新たに築造されるならば、津波に飲み込まれないよう、波をいなせるような規模と形状であることが有効と考えられます。このことは、船の先端のような形をした仙台市若林区の「海岸公園冒険広場」展望台が、波に飲み込まれずに人々を救ったという出来事が例証しました。

高台が逃げ上がってくる人々を収容するのに十分と思われる高さと広さを持つのは重要ですが、体力にあわせて勾配を選べる経路の選択性を備えている必要があります。登

表｜メモリアルの2つのあり方に対応する諸性質

空間としてのメモリアル	祭礼景観としてのメモリアル
出来事の記録	経験の伝承
参拝	祭り
定量的	定性的
点	面
物	場所
記号	プログラム
参照	再生
固定化	恒久化
視覚化	現象化
対象化	舞台化
維持管理	参加

仙台市の海岸公園冒険広場の被災後の航空写真（国土地理院HPより）。この広場の地形的特性が人々の生命を守った経緯については、仙台メディアテーク「3がつ11にちをわすれないためにセンター」のHP内、「経路研究所」（http://recorder311.smt.jp/series/keiro/）に保管されている映像に詳しく記録されている。

り口付近には、緊急時に集まった自動車が渋滞を起こさぬよう、十分な広さの広場が必要になるでしょう。高台自体を取り囲む樹林帯があれば、やはり冒険広場でそうだったように、折れて音をたてるだけでも、津波の存在を知らせるはずです。その整備は、常時は公園として利用されるメモリアル広場にいたる、郷土種の記念樹に囲まれた多様な散策路を用意することにも繋がります。

「駆け上り」の行為は、祭りの核として儀式化することが考えられます。開始合図は、太鼓の音でも、サイレンでも、町中に響かせることが出来れば何でも良いですが、次の津波が予期されたときに同じ音が鳴り響かなければなりません。時刻は祭りを盛り上げる目的とは別に、暗い時間帯の方が避難行動は困難になることから、夕方以降が適切と考えられるでしょう。災害に端を発する祭りの多くが夏祭りなのは仏教的な伝統によることですが、多くの人々が参加しやすい時期に行うことは災害時に備えた意識啓発や訓練としても有効でしょう。花火は元来が災害犠牲者の鎮魂と災害をもたらす悪霊の退散を願うものであることを考えれば、組み合わせることも決して不適切ではないはずです。被災時のために高台に備えられた機材を用いた夜店を行えば、それはいつか訪れる災害の避難拠点としての機能を確認する機会となるでしょう。

「駆け上り」は、個人、団体、人を運ぶ場合を想定した形など、様々な方法で行い、無理でも多くの人々の参加を呼び掛ける必要があります。近代に軍事教育との関係を持って導入されながら、徒競走の順位も付けなくなった運動会よりも、「駆け上り」には生存のためにより実質的な参加価値があるはずです。当然、一番乗りはその生存力を祝福されるべきですし、高台の頂部に文字通りの歴史的記録の機能を持った構造物があるならば、一番乗りの人物はそこで地域を代表して3・11の犠牲者を追悼する特権を得るとしても正当ではないでしょうか。

伝承と生存のためのメモリアル

高台の具体的な姿や規模も、祭りの規模も、地区の特性によって自然と異なるはずです。実際に避難を体験した方には、高台に集団で駆け上がるということ自体が、二度としたくない事かもしれません。また、祭りというに足る祭りが行えるようになるまで、まだ時間は掛かることが考えられます。慰霊碑だけは急ぎたいかもしれません。しかし、未来の不確定な可能性について語ることが憚られがちな今だからこそ、また、メモリアルが今ではなく未来において最も必要とされる性質のものであるからこそ、その姿は無理

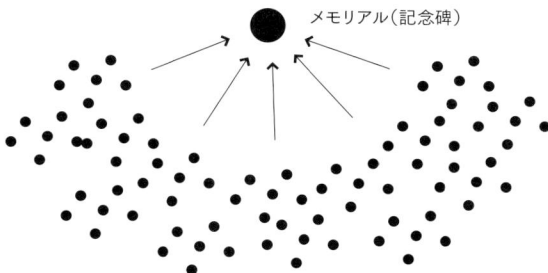

空間としてのメモリアルでは、群衆の中心に記号的象徴物が配置され、祭礼の意味内容を確かめる参照物となる。

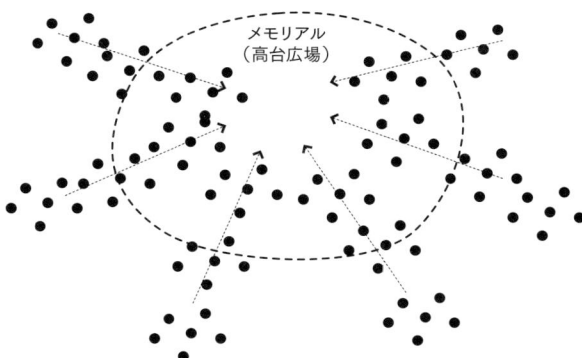

祭礼景観としてのメモリアルでは、集合行為そのものが避難能力の反復的再生による伝承機能を果たし、メモリアルはその器を提供する。

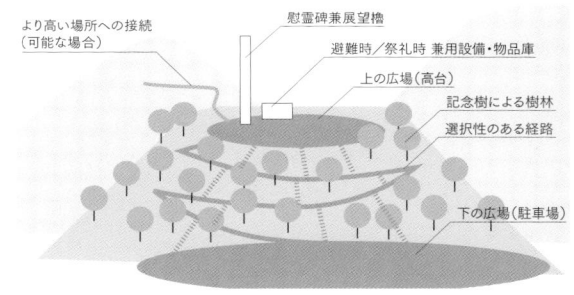

図｜祭礼景観としてのメモリアルの概念図

をしてでも長期的な目線で構想する必要があると思います。

祭りや一番乗りや花火を見る見物客を含め、多くの人々が実際にその場所まで足を運ぶという非日常的な集団行動を行うこと、そして、そのための情報伝達や交通整理、実行のための組織づくりとそれへの参加、その他、街の特徴によって異なる形で現れる課題への対応こそ、この祭りを通して反復的に鍛えられる共同体の力となるのではないでしょうか。

●引用文献
武田史朗：イギリス自然葬地とランドスケープ――場所性の創出とデザイン、昭和堂、2008

1-6 津波の記憶の継承

漁村集落の土地利用にみる縄文以来の知恵

はじめに

　本稿の目的は、被災地の中で直接的な被害を被ることがなかった場所に注目し、被災を免れたことが偶然の結果ではなく、津波常襲地として伝えてきた知恵によることを明らかにすることにあります。そしてもうひとつ、それらの地がいかに美しいか、長い歴史が育んだ暮らしの風景の魅力を、声を大にして主張することにあります。おそらくそうしなければ、主要な被災地でも復興事業の中心でもないこれらの地は、省みられることはないでしょう。しかし、今こそ学ぶべきなのは、これらの地が伝えてきた知恵なのです。それは、その文化的景観としての豊かさこそが、今後の復興においてお手本とすべき未来の暮らしの在り方であると考えるからです。

　なお、ここで紹介する内容は、文化庁の委員会委員として平成23年11月26日と27日に訪れた陸前高田市広田半島の漁村集落での見聞による限定的なものです。しかし、それらが意味するところには、今後の防災のあり方に資する普遍的な価値があると考えています。

村落の空間構造

　壊滅的な被害を受けた陸前高田市平野部から広田半島に入ると、被害は比較的軽微で、その対照は印象的でした。リアス式海岸の小さな入り江ごとに形成された集落は、斜面に住宅が建ち、住宅の間や周りに畑があって山村のようなつくりです。斜面は急で、海岸を少し離れれば海面からの高さもあって、無事だった住まいが多かった理由が分かります。

　図2は、図1の広田半島西海岸にある大陽を空から見た図です。入り江の近くは農地になっていて、住宅はもっと高い位置にあります。写真1には左に海と堤防が、右に住宅が写っていますが、海沿いが農地で、そこから上がった坂の上に住宅が建っていることが分かります。

　写真2は集落内に立つ石碑ですが、そこには「低いところに住家を建てるな」と書かれています。隣には明治時代の津波で溺死した人達を供養する石碑もあります[**写真3**]。その効果でしょうか、海に近いところに住宅はなく、今回の津波でも3棟程度しか被害を受けませんでした。

埋蔵文化財と集落

　もう一度図1をご覧ください。図には津波の浸水域と埋蔵文化財包蔵地が示されています。それを見ると、集落の多くが津波を免れていて、またそこは埋蔵文化財包蔵地と重なっています。半島の海岸沿いの高台はほとんど埋蔵文化財の包蔵地と言っていいくらいです。それらは非常に古い歴史を持った暮しの場であり、そして現在もなお現役で地域経済の一翼を担っています。

　そこはカキやアワビ、ワカメの養殖が行われている漁村なのです。それが相当な収入になるらしいことは、最近建て替えられた豪邸が至る所にあることからも推察されます。遺跡ではない現役の暮らしの場なのです。

　写真4は、獺沢集落にある貝塚の標柱です。村の人が「住まいのあるところは皆貝塚」と、説明してくれました。埋蔵文化財と現在の集落が重なっていることがよく分かります。

美しい村

　図3と写真5～6は、大陽の北隣の長船崎という集落の様子です。この集落は、集村である大陽とは対照的な集落で、点在する数戸の民家から成っています。図、写真はその海よりの部分ですが、防波堤を持つ小さな入り江を使っているのは図にある3戸ほどの住人たちなのでしょうか。ほとんどプライベートな港の趣です。住まいは最も海に近いお宅でも、坂を数メートル上った所に石垣を積んで建てているので無事でした。

　さて、ここで注目したいのは村のたたずまいの美しさです。それは暮らしから来るものであり、縄文以来の連綿と続いた暮らしが風景に現れた美しさだと言えます。この大陽、長船崎、獺沢と続く西海岸の集落は、半島を一周する県道からはずれ、今でも伝統的な生業だけで成り立っているように見えます。その結果、とても美しい風景が残されています。実は広田半島全体がそうなのですが、県道か

復興の風景像　　　　　　　　　　　　　　　　　　　　　　　　　　　　　　　津波の記憶の継承 | 1-6

図1 │
広田半島の浸水域と
包蔵文化財地域
（岩手県遺跡情報
検索システムより作成）
浸水域…黒線
埋蔵文化財包蔵地…ハッチング

左から
写真2 │ 地震の心構え（大陽）
写真3 │ 明治の地震碑（大陽）
写真4 │ 獺沢の貝塚標柱

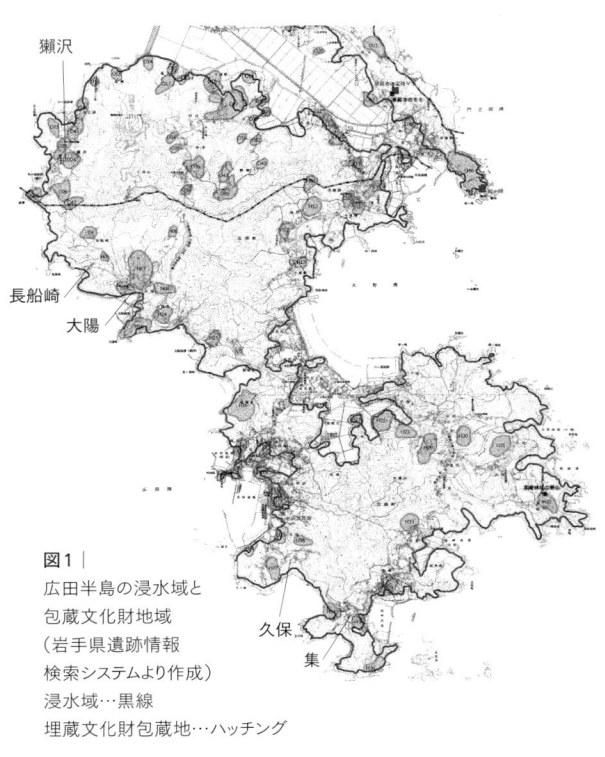

図2（上） │ 大陽集落（点線：津波による浸水域）（国土地理院HPより作成）
写真1（下） │ 大陽の堤防と住宅

らはずれた集落は特に美しいのです。その美しさは、同じようにカキやワカメの養殖を行っている気仙沼大島と比べるといよいよ際立ちます。広田半島と大島を比べると、両者の自然条件、暮らしはほとんど同じですが、大島には観光があることだけが違っています。そしてその結果、大島は、美しさにおいて広田半島に及ばないのです。

豪邸の建つ広田半島の漁村ですが、後継者の問題を抱えていました。そこに津波が来て船と港を失い、今後が危ぶまれます。そのとき文化的景観として評価することが力になると思われますが、それは逆に、これまで受け継がれた暮らしの風景を失わせる危険もはらんでいます。

高台に建つ家と集落

津波を免れた住まいとはどのような場所に建っていたのか、それをもう一度考えてみましょう。写真7〜9をご覧下さい。これらの家は漁業を生業としているにもかかわらず、日々の上り下りが必要な高台に立地しています。写真7の家は水田も営み、畑の周りには柵を廻らして獣害を防いでいます。散居状に立地し、植林した杉林に囲まれています。海を臨む素晴らしい風景の中にある暮らしが感動的です。

写真8も海を臨む高台に立地する住宅です。これだけ上がっていれば、津波の心配はないだろうと思われます。窓からの眺めはきっと素晴らしいでしょう。

写真9は集という集落にある住宅で、崖の上から直接海を臨んでいます。自家用の野菜を作っている様子が分かりますが、その向こうに入り江が見えています。崖にはツバキなどの照葉樹が茂っていて、津波が到達することはまずあり得ないでしょう。

今度は個々の住宅ではなく、集落として高台に立地している例を見てみましょう。図4、写真10は久保集落の様子ですが、入り江に面した低地は農地、その上のだいぶ高くなったところを県道が走っています。そして、ほとんどの住宅は県道より高いところに立地しています。こうした土地利用のため、津波の被害は住まいにまでは及ばなかったものと思われます。写真10からは、家々が県道より上の急斜面に建てられている様子が分かります。

縄文の知恵から復興案を再考する

陸前高田市で壊滅的な被害を受けたのは、平野部の市街地でした。現在、復興計画が進んでいますが、市街地の山よりの部分に土盛りして、新市街地を再生するというのがおおよその骨子です。

さて、本当にそれで良いのか。ここでは、今まで見てきた縄文以来の祖先の知恵を活かして対案を考えてみましょう。ただしこの対案は、実際にこうすればうまく行くという提案ではありません。現行案がこれで良いか、一歩退いて考え直すために、頭を柔軟にするためのものと考えていただいたら宜しいかと思います。

写真11は、中世末期、海洋国家として栄えたイタリアのアマルフィの現在の姿です。人口5千人のほとんどが、世界遺産となっているこの旧市街に住んでいます。図5は、その居住域を示したもので、11.8haの三角形のなかに入ってしまいます。一方図6は、大陽の集落で、その居住域は12.7haでほぼ同じ面積です。ここから分かるのは、こうした入り江の集落が5つもあれば、陸前高田市の全人口2万4千人を収容できるということです。したがって、このような入り江の漁村が都市化できれば、津波に対して安全な復興ができると言えます。技術的には、住民が家まで車を乗り入れることを諦めれば実現も可能です。ただしそのためには、伝統の生活スタイルを変えて、イタリア流の都市の生活文化を選択する必要があるわけで、それはよくよく考える必要があるでしょう。また、本稿の立場からすれば、漁村集落の文化的景観が失われてしまうのも困るところです。しかし、これだけの人が亡くなった津波の被害を2度と起こさないためには、こうした思考実験を1度はした上で、百年千年の大計を定めるべきだと思うのです。

まとめ

漁業を生業とするにもかかわらず高台に立地し、浜の近くは農地にしている集落が広田半島には多く見られます。中にはそれを規範として石碑に記し、記憶が風化しないようにしているところもあります。こうした集落の多くは埋蔵文化財包蔵地で、縄文以来の暮らしの知恵と言えます。

自然と共生する暮らしは美しい風景として我々の眼に映ります。今後の暮らしのモデルと考えられます。しかしその一方で、高齢化の進行が危ぶまれます。そこから観光という方策が考えられますが、暮しの風景の魅力と観光の両立は難しく、今後の課題です。

最後に、復興計画は慎重に決定するべきことを、斜面都市の思考実験によりお勧めしました。

図3｜長船崎集落（国土地理院HPより作成），写真5｜長船崎の港，写真6｜長船崎集落
写真7｜高台の家（長船崎），写真8｜高台の家（集），写真9｜高台の家（集）

図4｜久保集落（国土地理院HPより作成），写真10｜久保集落，写真11｜アマルフィ（撮影：陣内秀信），
図5｜アマルフィの居住域（法政大学陣内研究室作成），図6｜大陽の居住域（国土地理院HPより作成）

復興の風景像

chapter 2 「生業」と「生活」のランドスケープを再興する

2-1 水産業のレジリエンスと景観

漁業の生産施設、生産過程の
景観要素としての価値の再評価

企業活動と災害リスク

　産業活動、あるいはそれが優占する業務中心地域においては、ともすれば防災や減災といった命題よりも生産活動の効率性が追求されがちでした。かつて東北地方を襲った大津波後に高台移転した漁村集落がその後再び漁業に適した海辺に戻ってきてしまったケースはそのことを如実に物語っていると言えるでしょう。漁業や水産加工業（以下、水産業）は、その立地が海辺と切り離せないだけに、津波のリスク回避についてはいわば諦念にも似た暗黙の了解があったとは言えないでしょうか。

　ところが、水産業を基幹的な産業とする地域が多い三陸海岸において、こうした産業が集積する業務地区が今回のような大津波に襲われると、それが地域経済に与える影響は誠に甚大なものがあります。そこで、海辺と不可分の水産業業務地区といえども、従来の防災対策を再検討し、当該地区の生存性能及びレジリエンスを高める工夫が急務と考えられます。そこで、レジリエントな土地利用および景観形成に向けた課題について、水産業のプロセスに応じてまとめてみると表のようになります。

水産業というランドスケープ

　水産業の業務形態は、港湾や水際の景観を大きく規定します。のみならず、漁業と魚市場、魚市場と水産加工業施設、漁港と関連産業（造船、燃料施設等）は一体のものであり、これらをひとまとまりの景域としてとらえる必要があります。一方、業務地区のレジリエンスを高めるという所作も、景観のあり方に大きな影響を及ぼします。問題は、レジリエンスを高めることが、往々にして、産業活動や生産の効率性を貶めてしまうことがあるということです。

　また、港湾や海辺の景観は、地域固有のもので、当地の観光業を支える資源でもあり、やはりレジリエンスという視点のみでその形を決定できません。つまり、ある程度の津波リスクを引き受けることによって、三陸海岸らしい水産都市、津々浦々の漁村の景観が支えられてきたといえます。そこに、レジリエンスという視点を入れた場合に、魅力的な景観を維持・創造できるかということを考える必要があります。

立地選定とインフラストラクチャー

　水産業が、漁港・海辺から離れられず、それでもレジリエンスを高めなければならないとなると、同じ海辺でも、より地質や地盤の安定した土地、可能な限り高台に近い土地に立地を求める配慮が必要となります。従前の土地利用や災害履歴を確認しておくことも大切です。今回の気仙沼調査[1]で、旧河道を埋め立てたところで液状化が激しかったという証言を得ることができました。また、魚市場付近の岸壁の決壊箇所は、埋立て前は海水面または砂州であったことが旧版地形図から確認できます。

　立地のレジリエンスを高めるにはインフラの役割も重要です。とりわけ道路は、避難時に大渋滞が発生したこと、また復旧時、湛水を回避するための嵩上げが必要になったこと、道路確定の遅れが事業用地の筆の確定を遅らせていること、さらに平常時でも、水産加工業の大規模化によって、物量をさばくための幅員が十分でなかった等の課題が気仙沼での調査から明らかとなりました。以上から、安定した地盤や地質はもちろん、十分な幅員（市場との接続道路は最低でも片道2車線）の確保等、道路の立地と構造にも配慮する必要があります。

　立地のレジリエンスを高める最重要のインフラは防潮堤といえますが、今回の大震災を受けて、構造物対策の適用限界を超過するL2クラス（津波減災レベル）の津波も想定し、街づくり等で多重的な防護機能を備えることになっています[2]。現在、防潮堤の高さをどう設定するか議論されていますが、防潮堤の高さは海辺の産業活動や景観を大きく左右する面もあるので、慎重な議論が必要です。

　この時、どの程度の津波高を防げるかは防潮堤の高さに依存しますが、どの程度の浸水深を許容しうるかは堤内の土地利用に従う、と考えてみると、堤内の土地利用のあり方が防潮堤の高さを規定するということができます。そこで、堤内の土地利用は、地域によって様々なので、その土地利用がどの程度の浸水深を許容でき、それに対してどの

表 ｜ 水産業にみる津波リスクと景観形成上の課題（気仙沼市をモデルとして）

水産業のプロセス	関連施設	景観の特徴	リスク	課題
出漁の準備 ▶ 氷の補給 ▶ 燃料の補給 ▶ 漁具の整備 ▶ メンテナンス	造船所 燃料施設 漁具店	漁港周辺に集中、港湾の景観を特徴づける主な要素となっている。	津波による施設の損壊・浸水、燃料タンクの流出・損壊による市街地火災、流出した船舶による家屋の損壊。	ひとまとまりの景域としての再生。
漁獲 ▶ 遠洋 ▶ 近海 ▶ 沿海 ▶ 沿岸 ▶ 養殖	船舶 養殖筏	養殖筏と臨海部の景観は三陸海岸を特徴づけるだけでなく、マリンツーリズムやブルーツーリズムの大切な観光資源。	津波による漁場および観光施設の損壊。	養殖筏と臨海部景観の一体的再生・保全。観光客の避難を円滑に誘導するサインや避難路、インタープリテーション。
水揚げ	漁港 魚市場 トラックヤード 広幅員道路 直売所 飲食店	漁港・魚市場は地域固有の景観を構成するだけでなく、周辺の直売所や飲食店とともに重要な観光資源ともなっている。	津波による施設の損壊・浸水、地震による地盤の沈降、液状化等による水揚げ・港湾機能の不全・喪失。	魚市場の避難機能の充実と観光客の避難を円滑に誘導するサインや避難路、インタープリテーションの開発。広幅員の接続道路。
一次加工（魚種別） ▶ 洗浄 ▶ 一次加工 ▶ 氷詰め ▶ 冷蔵	水産加工場 冷凍庫	漁港・魚市場との近接性が求められ、臨海部の主要な景観要素。大企業と中小・零細企業による、景観スケールの相違。	津波による施設の損壊・浸水と加工・冷蔵機能の不全・喪失、復旧の遅れ。中小・零細企業の大きな被害。	地質・地盤の安定した立地の選定。杭基礎やRC造、鉄骨造等による堅牢化・高層化。避難計画の徹底。
二次加工（魚種別） ▶ 解凍・解体 ▶ 製品製造	水産加工場 ▶ マグロ加工場 ▶ カジキ・サメ加工場 ▶ ふかひれ加工場	従来、一次加工場に近接して立地し、臨界市街地・水産加工団地の主要な景観要素となっている。	津波による施設の損壊・浸水と加工・製造機能の不全・喪失、復旧の遅れ。中小・零細企業の大きな被害。	上記に加え、高台への分散立地の検討（ただし扱う物量や業態による）。水系・水源の汚染回避と自然環境保全。既存宅地の再利用。
保存と輸送	冷凍庫 トラックヤード 広幅員道路		津波による施設の損壊・浸水、ストック機能の不全・喪失、復旧の遅れ。中小・零細企業の大きな被害。	ストック機能の高台移転の検討（ただし扱う物量や業態による）。移転に伴う自然環境保全と既存宅地の再利用。広幅員の接続道路。
消費	飲食店 各種観光施設	漁港や魚市場と近接して水産都市、漁村集落の景観を形成する要素。	津波による施設の損壊・浸水。	地質・地盤の安定した立地の選定。杭基礎やRC造・鉄骨造等による堅牢化。観光客の避難を円滑に誘導するサインや避難路、インタープリテーション。

程度の防護や避難計画を講じるかも、地域の自然立地や産業形態によって様々であるべきです。つまり、防潮堤の高さは堤内の産業形態と土地利用、そのレジリエンスをどう考えるかによって多様であり得ます。

生産工程別の立地によるリスク分散

水産加工・製造は複数の工程からなり、低次加工の工程は鮮度や洗浄・排水の問題もあり、魚市場の近くのほうがよいですが、高次加工を施す加工・製造工場や冷凍庫（ストック機能）は、扱う物量等にもよりますが、必ずしも海辺に拘る必要はありません。実際、高次加工やHACCP仕様の高度な加工・製造工場については高台に移転・建設する意向をお持ちの水産加工業者もいました。これは事業所の集中立地を避け、より重要な生産工程やストック機能を分散立地させることで、産業活動のレジリエンスを高める対応といえます。

水産加工業の高台立地で留意すべき点は、加工に伴う排水処理や物流の便です。水源・水系の汚染を避け、幹線道路に近接し、光熱水道等のインフラが既設で、物量に見合った敷地規模を確保できる立地が求められます。その際、土地の造成を最小限に抑え、安定した地盤と自然環境の保全に留意する必要があります。以上より、高台移転は可能な限り既存宅地の再利用によることが望ましく、それにより建設費も抑えられます。

水産業コミュニティと避難

水産業のレジリエンスを高めるには、企業の避難のあり方も大切です。今回の気仙沼調査で、企業の避難行動は従業員の生存を左右する大きな要因であることが確認できました［図1］。

避難のあり方は段階的に考えていく必要がありますが［図2］、従業員の生存を支える（一次避難）だけでなく、事業のレジリエンスを高めるうえでまず考えられてしかるべきことは、事業所そのものの防災性能の向上です。これは岩盤への杭基礎、RC造、鉄骨造等、堅牢な構造によって建物の高層化をはかり、自社ビル（複数の施設を持つ事業所はその何れか）に津波避難ビルとしての性能を備えることが理想的です。低層部は津波に洗われる可能性が高いので、重要な事務機能や電源等の設備系統、食料や衣料等の備蓄は上層に集中させます。

このような対策が不可能な場合、生存を守るための手段は、自社ではなく他所に求めなければなりません。最寄りの高台や指定避難場所、津波避難ビル等への一次避難となりますが、この時重要なことは、企業における避難の指示系統と避難の単位のあり方です。今回の調査で、従業員の一次避難で犠牲者を出さなかった企業は、いずれも企業トップによる地震直後の迅速かつ的確な避難指示（自社に留まらず、かつ自動車を使わずに）があったこと、地震発生当時、社長が不在だったり、施設が分散したりしている場合も、既定の避難計画（避難先は最寄りの津波避難ビルや高台）、工場長等現場の長の指示に従って機動的な避難が行われていた実態が明らかとなりました［図］。また、迅速な避難のための環境の単位は小さいほどよい、つまり、事業所毎、施設や工場が複数にわたる場合は、その施設の構成員毎に避難するのが望ましいといえるでしょう。

ところで、水産加工業を営む企業の多くは、外国人研修生を抱えていました。言語や地理感覚にハンデを負う外国人を遅滞なく避難させることは特別な配慮を要する問題といえます。今回調査を行った企業はいずれも現場の責任者の誘導で無事に避難させることができましたが、これは研修生だけでなく、土地勘のない観光客にもあてはまる問題です。漁港周辺は海産物や食を中心とした観光業、外食産業の拠点ですし、水産業はまた体験型観光の花形でもあることから、大震災時の避難路と避難場所をわかりやすく伝えるソフトやサイン、都市景観のユニバーサルなデザインが求められます。

最後に、防災減災対応における格差の問題について触れておきたいと思います。例えば、気仙沼市役所が実施した調査では、現在、事業所の被害が大きく、資金面から事業再開の目処が立っていない事業所が全回答事業所の約30％に上るという結果が出ています[3]。防災対応において大企業はそれなりの資本投下も可能ですが、中小・零細企業にはそのような対応が困難なケースも想定されます。特に低層家屋で家内制の水産加工業を営む事業所については、分散立地は困難ですし、建物の防災性能の向上にも自ずと限界があります。この問題にどう向き合うかは、水産都市の土地利用や景観のあり方に大きな影響を与えます。

14:46……地震発生
- 避難指定ビルの魚市場屋上(3F)に避難
- 漁協職員は12、3名

[避難状況]
- 市場関係者、近隣住民1200～1300人、車両500台
- 出向の市職員(5名)が情報収集、組合長が指揮

15:25頃……津波到達
- 屋上スレスレまで到達
- 一時、事務所屋上(4F相当)に避難
- 火災になり、煙を避けるため風上に移動
- 車中等で一夜を過ごす

翌日以降
- 12日9:00、高台にあるホテル観洋に向かう(独自判断)
- 最短・安全ルートの確認
- 全員で迅速に移動

図1｜避難の例：気仙沼市魚市場／
気仙沼漁業協同組合とその周辺

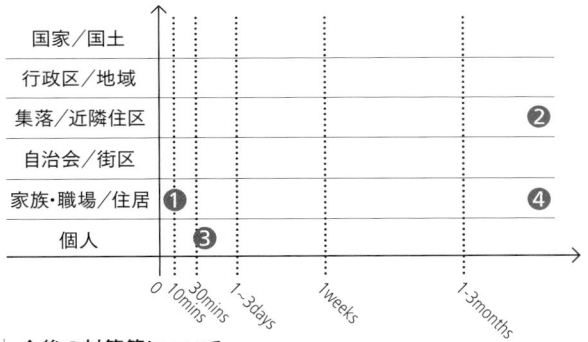

今後の対策等について
❶ 港湾部の大規模な津波被害は避けられないという認識
5～6mであれば可能
❷ 住居は高台、職場は港湾部という認識
❸ 迅速な避難誘導体制の徹底、避難訓練は組合ごとにやっていた
❹ 緊急設備、備蓄の階上への移動
事業所兼避難ビルのモデルとなる5階建倉庫を建設予定
建物の堅牢化、高層化→早期復旧への備えとして

図2｜今後の対策の例：気仙沼漁業協同組合の場合

● 参考文献
1 2011年10月28日～30日に実施した日本造園学会東日本大震災震災復興支援調査(第二次調査：気仙沼市)による。気仙沼商工会議所紹介の4企業(水産加工業2社、水産加工業及び宿泊業1社、気仙沼冷凍水産加工業組合)と気仙沼市魚市場／気仙沼漁業協同組合(以上、気仙沼・神山川右岸・赤岩地区に立地)、気仙沼商工会議所、気仙沼市役所企画政策課の代表者の方々を対象に、①事業の経緯、②震災前の防災対応、③震災後の避難、④今後の再建方針や防災対応、の4点について質問した。調査メンバーは、大高隆、木下剛、高橋靖一郎、中谷礼仁、八色宏昌。
2 土木学会東日本大震災特別委員会(2011)：津波特定テーマ委員会第1回～第3回資料。
3 国土交通省、気仙沼市(2011)：気仙沼市事業再開に向けた意向調査結果概要版。

2-2 21世紀の日本型田園都市の形成

「支え」を考慮した自然立地的土地利用計画

　わが国の農山漁村には地域で育まれてきた森林、農地と集落が調和した美しい景観が広がっています。イザベラ・バードが19世紀末に東北を旅した際に「鋤で耕したというより、鉛筆で描いたように美しい」[1]と描写した田園景観は、今世紀に入っても維持されていました。しかし今回の震災により集落、農地が破壊され、被災地では多くの土地が放棄されています。これらの土地においては今日、セイタカアワダチソウなどの外来種が勢いよく繁茂している光景がみられます。地域性と風土性を兼ね備えた「美しい国」づくりが問われているなか、このままでは景観が荒廃していくことが懸念されます。

　もちろん、被災者の生活再建のために様々な施策を速やかに実行する必要があります。しかし地域の本格的な復興のためには、21世紀の新しい課題である地球環境問題、エネルギー問題、コミュニティ再建の問題といった長期的課題に取り組みつつ、地域再生あるいは地域再興とともに「美しい国」づくりを実現する必要があります。

地域環境の文脈

　そのためにまず必要なことは地域環境の文脈を読み解き、復興計画にいかすことです。20世紀中盤から後半にかけての経済成長時代に実践されたわが国の都市づくりは、地域文脈との乖離を広げ続けたといえます。例えば被災地の一つである気仙沼では、戦前からの市街地(旧市街地)が一段標高が高いところや傾斜地に立地しています。そして過去の空中写真で確認すると河川沿いや海沿いの低地は戦前まで水田や塩田として利用されていたことがわかります。低地では定期的に起こる津波や豪雨による洪水を避けるために市街地は作られなかったのです。しかし戦後になるとそういった低湿地において新市街地が形成されるようになりました。旧市街地では今回、津波による人的被害が少なかったのに対して、低地に広がった新市街地では甚大な被害が報告されています。堤防などの設置により新市街地は気仙沼の文脈に沿う必要がなくなったと考えられるようになり、そのため東京近郊にあってもおかしくない均質な市街地が建設されてきたといえます。このような変化は気仙沼に限ったことではなく、全国で起こったことです。気仙沼以外の地域でも、今回の大震災では低地に切り開かれた新市街地で特に大きな被害が生じたことが報告されています。地域文脈との乖離が積み重なった結果が被害の拡大をもたらしたといえます。災害に強い街づくりを進めるには地域文脈をもう一度読み直すことから始める必要があります。地域の特性を読み解くことは、災害対策だけでなく環境問題やエネルギー問題への対処においても重要な意味を持ちます。

　また、地域文脈をいかすことは美しい国づくりを進めることにも繋がります。現在、震災後の人口流出を受けて市街地縮小の議論が多くなされています。そこでは、「撤退した市街地を自然に返せ」という言葉が多く用いられています。縮小する市街地はどこでも自然に返せばいいという議論です。しかし、わが国の土地は放っておくだけで自然に返るものではありません。市街地の一部を自然に戻す場合も、美しい国土を維持することを念頭に置く必要があります。そのためにはまず地域環境の分析から自然に返せる場所を適切に抽出し、その上で適切なプロセスを描いて自然に返すべく誘導する必要があります。

　また市街地近郊の土地活用においては農地としての利用が土地管理の柱の一つになります。その場合も、食料生産を目指した農業を想定するなら、今後は生産に適した場所を選定する必要があります。いずれの場合も土地を理解することが必要になるといえます。

　復興計画が議論される中では震災後の電力問題と相まって、放棄された農地に太陽光パネルを設置して再生可能エネルギーを生産することが提案されています。そこでは、置ける土地には全て太陽光パネルを置くという考え方で検討がなされています。しかしそれは土地の文脈を無視した利用の仕方であり、気仙沼の低地に東京近郊のような新市街地を置いた発想と同じであるといえます。災害に強い街づくりを実践するためにも、また美しい国土をつくっていくためにも、地域環境を読み解くことが肝要であり、そこから復興のあるべき姿を描く必要があります。

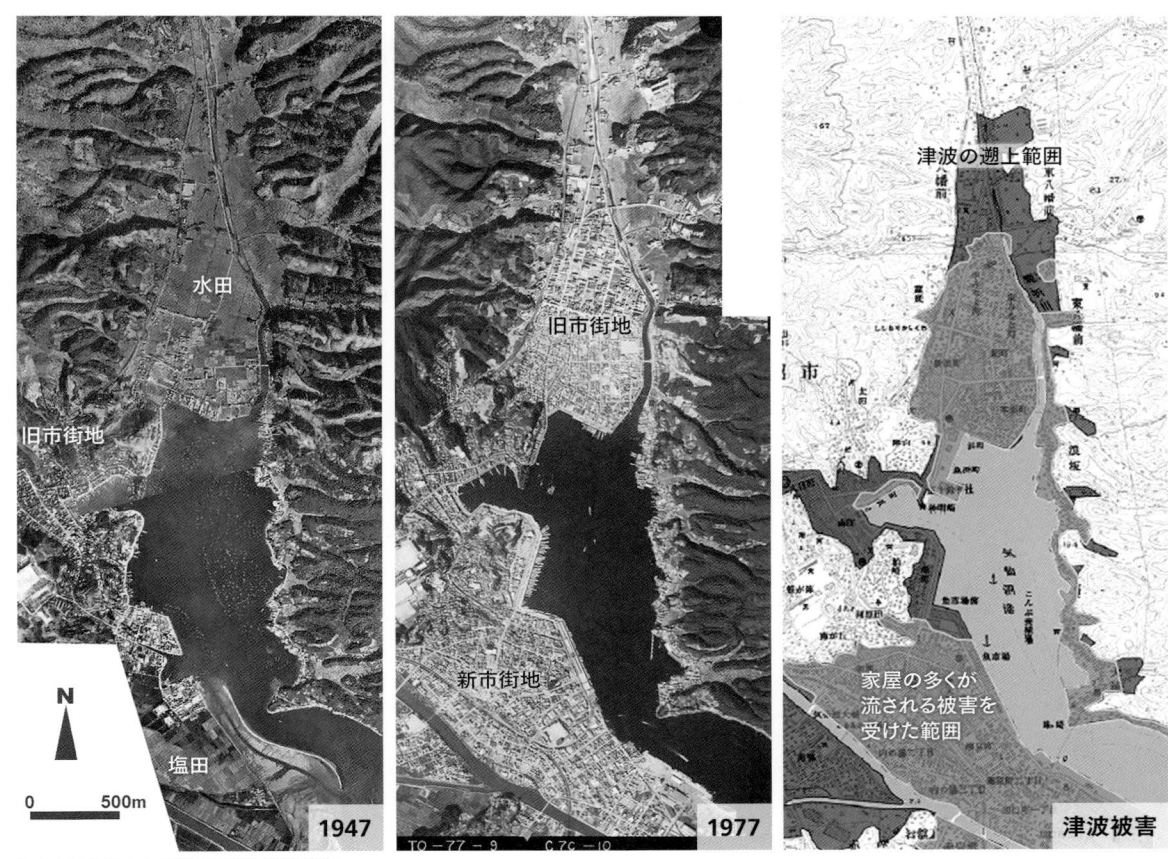

図1 | 気仙沼の土地利用変遷と津波被害
左・中図は国土地理院発行空中写真。右図は日本地理学会災害対応本部・津波被災マップを基に筆者作成。
1947年当初は水田や塩田だった地域で市街化が進んだこと、そういった地域で大きな被害が生じたことがわかる。
出典:村上(2011)[3]

写真1・2 | 放棄された土地の荒廃
震災後に取り壊された住宅地や放棄された土地では
外来種が繁茂する様子がみられる。
左は北茨城市。右は釜石市。

地域環境の管理

被災した地域では地震や津波による地域の崩壊に注目が集まっています。しかし実際には震災前から、人口や産業といった従前の都市を支えていた基盤は、地域経済が疲弊する中で既に失われつつあったといえます。つまり成長時代に描かれた都市像を支え得る基盤は、既に失われているといえます。従ってかつての目標像を抱き続けたままに復興を考えることは非現実的であるといえます。被災地での生活が、今後はどのような社会的、経済的な基盤に支えられるのか、例えば雇用、福祉、地域社会における相互扶助などとどのように関係づけられるのか、そのことが描かれない計画は永続性を持ち得ません。「土地」に関する計画はまさにこの課題に直面しており、地域の土地環境が今後どのような社会、コミュニティに支えられるのか、その具体的イメージを伴った空間計画を作っていく必要があるといえます。

他方、市民による土地へのかかわり方や、空き地や農地を含む土地への意識が近年大きく変化しています。このことは今後良好な地域環境を維持するための「支え」を考える際に、極めて重要になってきます。近年のアンケート[2]では、若い世代での農への関心の高まりが顕著であり、20代の68％が農作業体験をしたいと考えているという結果も出ています。このような意識変化のもとでは、これまでと異なった空地、農地の位置づけ、活用が可能となります。そして意識の変化とともに、都市住民（非農家）が土地にかかわる方法が多様化しています。この傾向は大都市だけでなく地方においてもみられます。軒先のほんのわずかな隙間を使っての土いじりから、空き地や菜園等での野菜作り、農家から農地を借り受けての農作業、本格的な農地の取得と農作業の実践までと、様々なタイプ、レベルの活動が行われています。また里山管理への都市住民の積極的な参加もみられます。今後は農家、非農家を含めた市民活動の多様性を前提として、土地の活用可能性、管理の期待を検討し、農地やその他都市住民によって管理されるべき土地を考えていく必要があります。

支えを考慮した自然立地的土地利用計画

地域の文脈を土地利用計画に反映させる手法として、これまでにも自然立地的土地利用計画という考え方が示されてきました。今後地域環境の文脈を読み解き、復興計画にいかしていくためにはこの計画手法を展開していく必要があります。しかし、時代背景が大きく変わりつつあることから、自然立地的土地利用計画も改良が必要になります。経済成長時代の自然立地的土地利用計画は、「開発」対「保全」という対立軸の中で、むしろ保全の側に立って土地利用を提案する側面が強かったといえます。一方、被災地では開発圧力が薄れて都市が縮退する傾向にあるので、これからの自然立地的土地利用計画では、より調和に力点を置いた土地利用計画を提案していく必要があります。そしてそこでは管理の担い手と彼らによる土地へのかかわり方、すなわち「支え」の検討を含めて最適な土地利用計画を提案していく必要があります。どのように土地が支えられるのかを描き、さらに土地を支える中でコミュニティが強化されるような土地利用を追及していく必要があるといえます。

近代都市計画の原点とされる「田園都市論」において、エベネザー・ハワードは都市と農村を融合させることを提案しました。ハワードはそこで、都市住民が菜園や農地、森林を日常生活の中でどのように楽しみ、活用するかというライフスタイルを詳細に描きました。そして都市農村融合によって得られる「ライフスタイル」と共に、恒久的に「土地を管理する仕組み」を提案しました。この二つの提案により、最初の田園都市レッチワースは建設から100年を経過した今も適切に維持管理がなされ、優れた住環境を有する地区として高く評価されています。今後はわが国においても、各地域の文脈にあった独自の「田園都市」を描き、土地を支える仕組みと共にそこでの生活を具体的に描きながら、実現に向けた取り組みを進めていく必要があります。

● 引用文献

1　イザベラ・バード（1973）：日本奥地紀行（高梨健吉訳）：東洋文庫、385pp
2　東京都（2009）：平成21年度第1回インターネット都政モニターアンケート結果　東京の農業〈http://www.metro.tokyo.jp/INET/CHOUSA/2009/06/60j6u100.htm〉、2009.6.30掲載、2012.2.20参照
3　村上暁信（2011）：ランドスケープ・リテラシーと都市デザイン、都市計画、293、76-77
4　こども環境学会（2011）：「知恵と夢」の支援作品集、建築画報社、49

地形

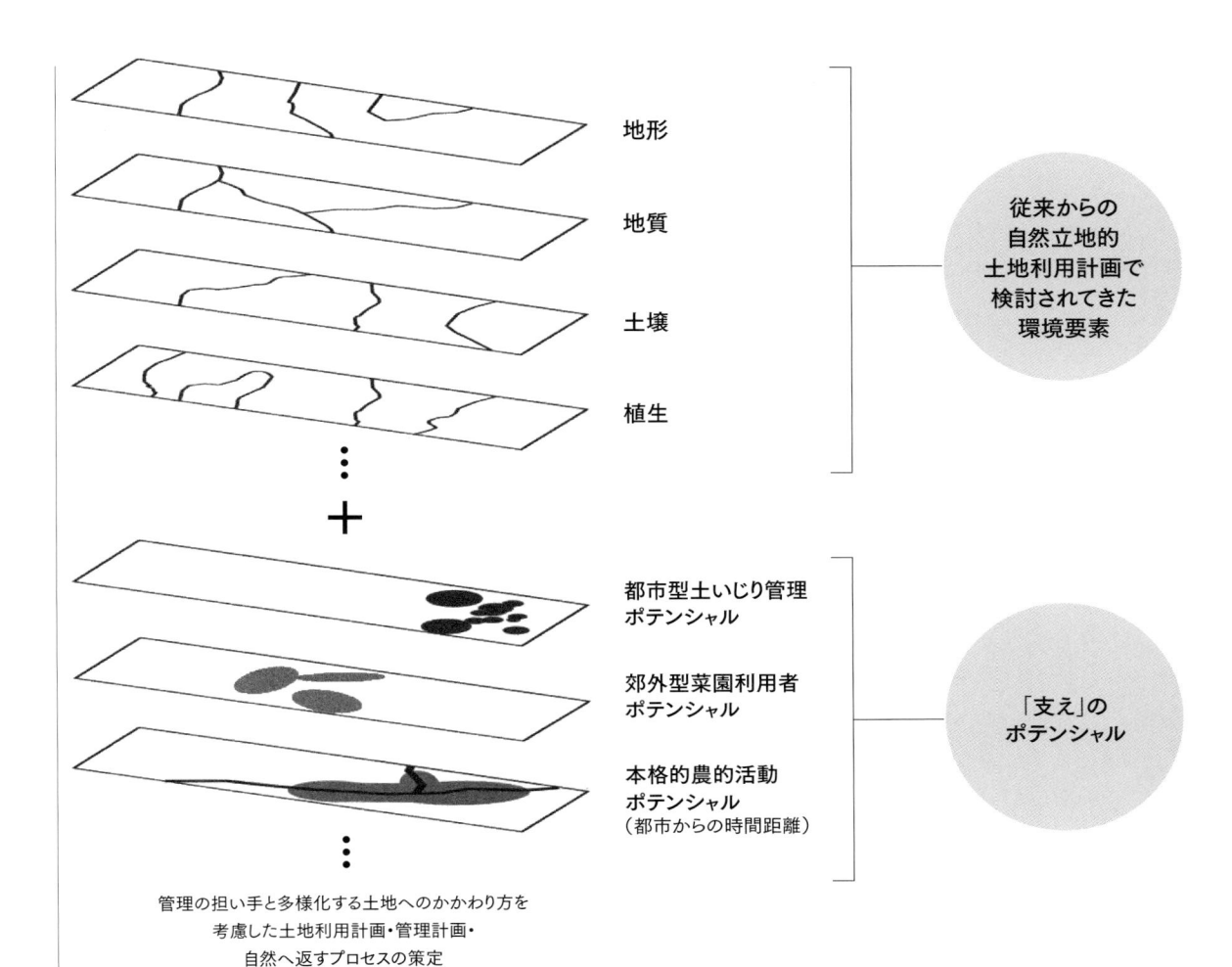

地質

土壌

植生

＋

都市型土いじり管理
ポテンシャル

郊外型菜園利用者
ポテンシャル

本格的農的活動
ポテンシャル
（都市からの時間距離）

従来からの
自然立地的
土地利用計画で
検討されてきた
環境要素

「支え」の
ポテンシャル

管理の担い手と多様化する土地へのかかわり方を
考慮した土地利用計画・管理計画・
自然へ返すプロセスの策定

**多様化する
土地へのかかわり方**

市民農園

わずかな隙間を使って野菜を育てている
（北茨城市の津波被災地区）

都市住民が
本格的な農的活動を
行う例もみられる

子どもが元気に育つまちづくり
東日本大震災復興プラン
（公益社団法人こども環境学会）の一つ
出典：こども環境学会（2011）[4]

図2 ｜ 支えを考慮した自然立地的土地利用計画

2-3 被災農地の転用

耕作の継続が困難となった農地の積極的な転用

はじめに

　被災農地転用の主な原因には、まず修復不能なほどの農地基盤の被害が挙げられます。一方で、耕作者の人的・経済的・精神的被害による耕作放棄地化、さらには、各地域の震災復興の土地利用計画の中で、将来の津波に対するリスク回避の視点から新たな機能を付与される場合もあります。いずれにしても、拓き、営み、維持してきた先人あるいは現在の営農者達の農地への思いを考えると、その転用は将来に向かってより意味のあるものでなければならないでしょう。

　農地とは本来は土地の自然的条件に即した食料生産の場であり、加えて農村においては地形の起伏や土壌・水系の状態といった、その自然的条件に無理なく展開する土地利用景観としてどっしりと安定したランドスケープを人々に提供しています。そして（付帯施設も含め）農地の構造に付随した生き物達の姿や鳴き声にその気配、また栽培暦に則った四季の農の風景、さらにはそれらの時間蓄積により感じ得るその土地の営み（人の営みと自然の営み）の悠久の感覚も農地の重要な産物です。耕作継続の困難な農地の転用はあくまでこの文脈に沿う必要があり、災害の混乱に紛れての都市的土地利用への安易な転換は慎むべきです。

　本節では、それらの農地の防災インフラ、生態インフラ、景観インフラ等への積極的な転用による震災復興を通じた自然共生地域づくりのコンセプト・デザインについて、著者らも加わった岩沼市震災復興会議（議長：石川幹子）による「岩沼市震災復興計画グランドデザイン（以下「GD」）」（2011.8）を例に、述べてみたいと思います。

対象地域の特徴

　仙台湾に東面する仙台平野南部は、宮城県下のみならず全国有数の稲作穀倉地帯でしたが、本震災において最大約6km内陸まで津波が押し寄せ、広大な農地が被災しました。西進する津波に対し平野海岸線が長くほぼ直交していたため全域で正面から津波を受けたこと、起伏の少ない平坦地が広がっていたことが農地被害面積の増加につながり、仙台・名取・岩沼・亘理・山元の3市2町の浸水耕地面積合計は約1万haとされています。もちろん被災農家の多くは元のような農業と暮らしを希望していますが、海岸沿いの排水施設が津波で全壊し、地盤沈下により除塩作業が進まない地域も多く、また壊滅的な被害を受けた集落の内陸部への移転案もある中、耕作の継続が困難となる農地が生じることは止むを得ないでしょう。

　仙台平野南部は七北田川、名取川、阿武隈川等の河成堆積物により形成された沖積平野で、縄文前期には平野西縁の丘陵地まで海岸線が寄っており、現在の平野部は海に没していました。その後の海水面低下によって平野部はヨシ群落やハンノキ林が成立したと考えられますが、現在は海岸沿いのクロマツ植林、内陸側の水田・畑地、集落のほか、造成住宅団地や工業団地、仙台空港等が点在しています。伝統的な土地利用としては、後背湿地は主に水田、河川沿いの自然堤防等の微高地に集落、浜堤列の微高地上は海寄りがクロマツ植林、内陸側が畑地となっており、どこまでも広がる農地の中、冬期の強い北西季節風に対するため、屋敷周りに屋敷林（イグネ）を持つ歴史的な農村景観をつくり出しているのが特徴です[写真1]。

岩沼市震災復興計画GD

　GDで提案された農地転用による緑地創成は、津波に対し、コンクリート構造物等のいわゆる土木的防災設備のみに頼らない、緑地による地域全体での多重防御システムです。海岸側から順に、①小丘群、②生態湿地、③海岸線と並行する道路を利用した複数列の小堤、④海岸線と直交する広幅員道路と歩道、⑤集落外縁を囲むコミュニティー・イグネ等からなります[図1]。いずれも該当する場所の農地を防災のための緑地に転用し、非常時の防災（減災）インフラとするのですが、加えて平常時には生態インフラ、景観・レクリエーションインフラとして機能させるのが狙いです。この内、特に農地内でまとまった規模となる緑地は、①小丘群、②生態湿地、⑤コミュニティー・イグネです。

●**小丘群**——海岸最前面の砂丘域に、津波の威力を分散・低減する比高15m程度の丘を複列配置しています。

図1｜防災／景観・レクリエーション／生態緑地の創成による緑のネットワーク計画の例（出典：岩沼市（2011）岩沼市震災復興計画グランドデザイン、50pp.）

海岸沿いの小丘群は「千年希望の丘」として平常時はメモリアルパークとして利用される。小丘群の間には生態湿地が配置され、津波時には津波の威力分散・緩衝地とする。また、点在する既存のイグネ（居久根：図中の●表示）に加えて、「自然共生都市」とした図中央の集落周囲にコミュニティー・イグネを形成する。集落から内陸側に並木を持つ広幅員道路を整備し、津波時に速やかな避難路が確保されるようにする。

この海岸砂丘域には、藩政時代からの植林によるクロマツ海岸林と、その背後の集落および砂質土を活かした畑地が点在していました。

ただし、津波の威力を分散し減じるには相当の幅が小丘群には要るため、海岸砂丘に隣接する水田域への拡張もあり得るでしょう。ここでは、津波に対し最も被害リスクの高い海岸線沿いの一定幅内の畑地・水田が、防災緑地としての小丘群へ転用されます。そして小丘群には、郷土を代表する樹種植栽による里山景観の創出に合わせて、散策路や自転車道整備等によるレクリエーション利用や、里山の生物相のハビタット確保による、防災／景観・レクリエーション／生態的な緑地帯が提案されています。

●**生態湿地**──津波の被害リスクの高い海岸沿いの小丘群の間や後背地には、既存の貞山堀や潟湖（ラグーン）などと連動した生態湿地の配置を想定しています。先に述べた通り、当該地域は元々はヨシ群落やハンノキ林からなる湿地生態系が卓越していたと考えられ、その自然再生としての意味を持ちます。水田開墾以降は平野部の湿地生態系の大半が水田生態系に代替されてきましたが、震災に伴いその一部、特に地盤沈下の著しい地区等を再び湿地生態系に戻し、平常時には地域の生物多様性保全の拠点緑地に、そして非常時には津波の流入・緩衝の場として機能させるのです。仙台平野南部では特に海岸寄りの浜堤列間の後背湿地で地盤沈下が著しく、2011年の夏時点で既に開放水域と湿生植物からなる湿地が成立していました［写真2］。そこではトンボやゲンゴロウ等の昆虫類、カエル類［写真3］の姿が見られ、湿地生態系の生き物たちの賑わいの回復の兆しが得られています。

この農地転用により、海岸沿いに点在する潟湖と生態湿地を結ぶ散策路等を設け、要所にセルフガイドの解説ボードを置き、汽水干潟生態系からやや内陸の淡水湿地生態系の姿、それに対する長期間隔の大規模な生態学的インパクトとしての津波の影響を学ぶ環境教育的機能も持たせた防災／生態緑地帯を形成します。

●**コミュニティー・イグネ**──集落のアメニティ性を高め、かつ津波への減災機能を持たせた集落共有の樹林帯です。地域のイグネ景観の継承的創造として、集落外縁の農地を樹林地（平地林）へ転用します。当地域のイグネすなわち屋敷林は、元々は冬期の季節風対策を軸に用材木・燃料・肥料源の確保等の機能が付与されたものでしたが、現在は気密性の高い住宅の普及や、用材やエネルギーの地域外依存により直接的な意味での個々の宅での役割は薄れつつあります。

しかし地域全体でみれば、イグネは地域固有の農村景観を特徴付けつつ醸成しており、そこで育ち生活する人々には普段は意識もしない程の当たり前の日常的な景観となっています。そのランドスケープの再生すなわち継承的創造の一つのあり方として、コミュニティー・イグネが提示されました。一方、本震災後の現地調査や住民へのヒアリング等により、津波被害に対する屋敷林の減災機能（流木等の漂流物の補足）も一定程度確認されつつあります。

さらにイグネは、広大な農地マトリクスに点在する樹林パッチの生物生息空間として、地域の生物多様性を支える生態学的機能を有してきたと考えられます。例えば、著者らの2011年夏季の調査では、浸水域では概ね集落周辺でのみ津波より生残したカエル類が認められ、水田地帯において屋敷林がカエル類の越冬空間として重要であることが示唆されています。視覚に強く映る植生のみならず、イタチやタヌキ、ノネズミ等の中小哺乳類、鳥類、両生爬虫類等、農村における小動物たちの声や姿、その気配を感じることも含めて地域固有の景観と呼ぶならば、当該地域にイグネが点在することの生態的な意義は論を待ちません。これらを踏まえつつコミュニティー・イグネとは、集落周りの水田等農地を樹林地に転用し、イグネ景観を保ちつつ集落の防災／快適性そして地域生物相のハビタットの確保を図るものです。この新たな樹林帯の樹種構成は、既存のイグネや地域の自然・里山植生を参考に、住民の利活用・管理形態を勘案しつつ季節感や生物多様性を高めていく必要があります［写真4］。

おわりに

その他にもGDでは、津波の規模に応じて防潮堤として機能する海岸線と並行軸の小堤道路法面の並木や、内陸部へ速やかに移動できる避難路として機能する直交軸の広幅員道路や河川に併設された並木歩道により、西縁の丘陵地から東縁の海岸緑地まで格子網状に緑を配置しネットワーク化する提案となっています。

これらは、将来にわたり地域全体として緑地の多様な機能を発揮させることを目標に、必要な地区の農地をその場所に応じた緑地に転用するという発想です［図2］。同時にそれは、「荒ぶる自然」と「恵の自然」の両者との共存を可能とする、環境の時代の先端を行く地域のランドスケープを創造しよう、という発想でもあります。地域固有の農村ランドスケープを空間的にも時間的にも俯瞰し、かつ丁寧に読み解く──その文脈の延長線にこそ、明日に向かう地域の姿があるのではないでしょうか。

写真1（上）｜イグネ（屋敷林）景観
このA氏宅のイグネは主にスギ約400本からなり、漂流物や流木の侵入を抑えたと聞く。以前の阿武隈川の氾濫を契機に高床としていたため、今回の津波は母屋までは届かなかった。しかし、2011年秋には塩害によるスギの枯死が目立ち始め、安全確保上、止むなく伐採が進む。

写真2（下）｜地盤沈下により水が溜ったままの水田
解放水面と抽水植物のエコトーンを持つ生態湿地が形成されて、農村の水辺の生物がみられる。今回の津波は数百年に一度の生態学的イベントとも捉える事ができ、フラッシュ効果により、水田開墾以前の姿を思わせる湿地環境が出現している。

写真3（上）｜海岸から500m付近で生存していたトウキョウダルマガエル
津波による物理的破壊、土や水の塩害、水田非耕作による繁殖期に湛水域が形成されない等の不利な条件を生き延びた個体（2011.9 確認）。農村の生物多様性の再形成プロセスのモニタリングが必要である。

写真4（下）｜広葉樹のイグネ（屋敷林）
岩沼地域ではスギの屋敷林が卓越するが、このT氏宅のようにケヤキ・エノキ・ハンノキ・サクラ類等の落葉高木で構成される屋敷林も幾つか見られる。農地を転用した緑地には、これら里山構成種も意識した植栽計画が求められる。

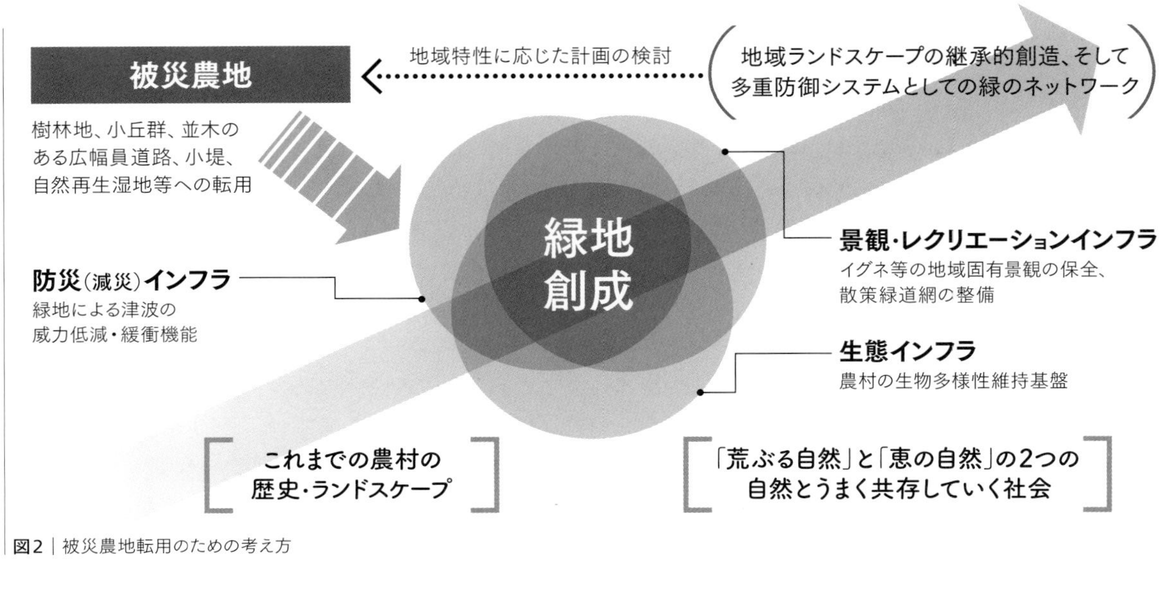

図2｜被災農地転用のための考え方

2-4 森・里・海の連環

小流域を基本単位とした
物質循環による生産の復旧

復旧なき復興

　岩手県大槌町。被災した自治体のなかでも、もっとも甚大な被害を受けたとされる同町では、2011年3月11日、沿岸部市街地の約9割が、津波により消失しました[写真1]。2012年1月11日現在、人口約1万5千人のうち、その1割弱にあたる1,307名が死亡または行方不明の状態にあります[1]。

　世界三大漁場とも称される三陸沖の豊かな水産資源を背景に、大槌町は古くから漁業の町として栄えてきました。しかし、その隆盛は、すでに震災前から陰りを見せていたようです。町の人口は1980年ごろにピークに到達した後、一貫して減少を続けています[図1]。また、産業にしても、漁業を主とする第一次産業の衰退が顕著にみられます。さらには人口の約1/3弱が高齢者という状態にあり、若年層が流出し続けることにより、深刻な担い手不足に悩まされていたようです。

　震災前のこうした状況を踏まえれば、復興はすなわち2011年3月10日に地域を「復旧」させること、であってはならないはずです。むしろ、震災前に地域が抱えていた構造的問題の解決を含み、未来を見据えてサステイナブルな地域の再生を目指す──「復旧なき復興」──こそ、目指される道だと考えます。

里海・里山の一体的再生

　それでは、復旧なき復興のヒントはどこから得ればよいのでしょうか。ランドスケープ分野の人間が地域の計画に関わる際、まず行うべきことに「地域を読む」ことがあります。地域に固有のランドスケープの特徴を明確にし、その特徴に見合った資源利用や土地利用、さらには産業の在り方などについて検討することは、ランドスケープ分野の仕事の基本のひとつでしょう。

　大槌町を含む三陸沿岸地域のランドスケープに目を向けてみましょう。沖合から陸側を眺めると、切り立った断崖を特徴とするリアス式海岸が広がり、急な山地が海岸まで迫っています。その背後の山々から沿岸に向かって、谷に沿って大小様々な川が延びており、内陸の川沿いには農地や集落、沿岸にはコンパクトな市街地、漁村や漁業施設、そして漁船や養殖いかだの並ぶ内湾が広がっています。森・里・川・海が連環しており、そこに人の営みがみてとれます。まさに里海・里山です。

　漁業の再生は無論重要です。しかし、上記のような三陸沿岸地域のランドスケープの特徴を考えると、海のみならず山にも地のポテンシャルがあることがわかります。現在の大槌町の森林は、間伐遅れなどが目立ち、十分な管理がなされているとは言えません。しかしかつては、「半農半漁」と言える生業スタイルが存在しており、人々は生活を維持するために、漁業に携わると同時に、農地や里山の手入れも行っていたようです。その様子は、戦後すぐに撮影された空中写真にも見ることができます[写真2]。

　重要なのは、このように里海・里山が一体的に管理・利用されることにより、生活に必要な食料やエネルギーが、地域の中で一定量自給されていたことです。食料にせよエネルギーにせよ、その供給を外部に過度に依存する仕組みは、まさに今回の震災がそうであったように、ひとたび外とのつながりが断たれた際、直ちに機能不全に陥ってしまいます。外部とのつながりが一時的に切れた際のバックアップとして機能するように、里海・里山を一体的に再生し、食料・エネルギーを一定程度ローカルに自給する。地域を読み、ランドスケープの地のポテンシャルを上手に引き出すことにより、海山問わず、地に産するものをすべて上手に活用した、新たな暮らしを生み出すことができるのではないでしょうか。

バイオマスエネルギー源としての里山

　現在、被災地の復興計画の多くで、再生可能エネルギーの積極的導入が掲げられています。里山から得られる間伐材などの木質バイオマスは、近年、再生可能かつカーボンニュートラルなエネルギー源として着目されており、各地で利活用が始まっています。加えて、原子力発電所の事故を受け、再生可能エネルギー導入に向けた機運が急速に高まっているなか、復興に伴う市街地の再建は、バイ

写真1｜旧大槌城址である城山からかつての市街地を望む。
2011年10月28日著者撮影。震災から半年以上が過ぎ、瓦礫は概ね片づけられた。

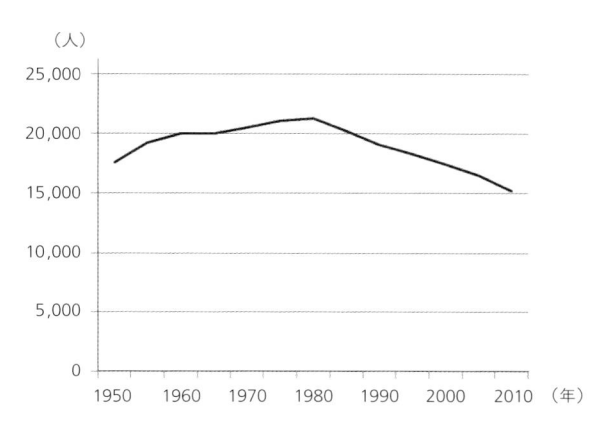

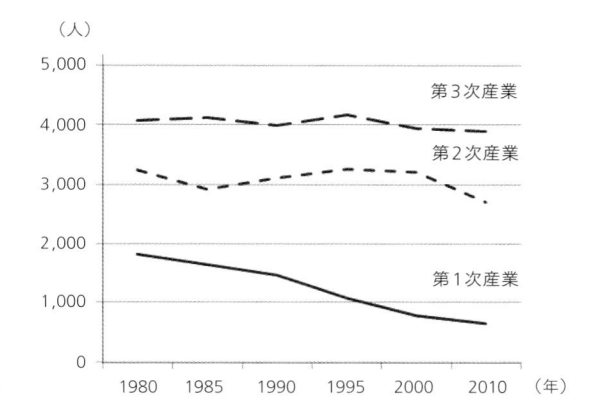

図1｜大槌町の人口（左）および産業別就業者数の推移。
復興に際しては、地域が抱える構造的問題の解決が不可欠である。
（国勢調査のデータを使用）

写真2｜
大槌川河口付近のランドスケープ。
通常の樹林に加えて、
伐採跡地、疎林など、
里山部分にモザイク状の
利用がみられる。
（国土地理院保管
1948年米軍撮影の空中写真）

オマス利用のためのインフラを整えていくための千載一遇のチャンスとも言えるでしょう。

　例えば、冬季の熱需要の多さに着目して、オーストリアやスウェーデンなどでよくみられる、木質バイオマスによる地域熱供給システムを導入することが考えられます。同システムの導入に際しては、ロスを防ぐため、温水供給用の配管を極力コンパクトに効率よく配備する必要があります。高台移転に伴う市街地のコンパクトな再建は、こうした新たなインフラの導入と相性がよいものと考えられます。

　それでは、こうした計画のもとバイオマスに対する熱需要が生まれた場合、大槌町の里山は、それに対してどの程度応えうることができるのでしょうか。大槌町の土地利用の約9割が森林です［図2］。林業センサスに記載されている「森林蓄積量」のデータを参照し、2010年と2005年の差から年間成長量を求め、持続可能な範囲で1年あたり森林から収穫できるバイオマスの最大値としました。この値をエネルギー換算し、市街地の現在の熱需要（給湯・暖房）と比較しました。ここでは、里山管理を行う範囲を「町全域」「旧村町」「沿岸域」の3パターンとしています［図2］。その結果、いずれの場合もほぼ100％以上需要を満たしうる結果となりました［表3］。試算の域を出ませんが、里山によるエネルギーの一定量自給は、少なくとも量的には可能性があると言えそうです。

　関連する取り組みは既に地元で始まっています。井上ひさしの小説「吉里吉里人」で有名な大槌町吉里吉里地区において、復興支援の一環として「復活の薪プロジェクト」が展開されています。同プロジェクトでは、津波で発生した廃材を薪にして全国へ向けて販売し、当面の現金収入を得る試みが行われています。従事しているのは地元の漁師を含む被災者です。現在はこの試みが発展しており、林業に関わるNPO団体の支援の下、漁師達がチェーンソーを抱えて里山に入り、針葉樹林の間伐を始めています。収穫されたバイオマスのうち、材木に適した筋のよい丸太は市場へ運び、現金収入とします。一方で細いものや曲がったもの、つまり市場で求められる規格に適合しないものについては、エネルギー源とすべく薪に加工しています[2]。

　市場においては価値の低い材を、市街地のバイオマス需要に対応させ、エネルギー自給のために活用する。現在既に始まっている取り組みの延長線上にこうしたシナリオを描くことにより、新たな資源循環や新たな地域経済システムが生まれる可能性があります。もし本格的に漁業が再生した際にも、例えば日常的には漁業に従事しつつ、漁閑期や天候不順で漁に出られない場合に副業として山に入る「半林半漁」が、復興後の地域や生活を支える生業スタイルとして、現実のものとなっているかもしれません。

バイオマス利用と震災後の社会

　上記のようなバイオマス利用はごく小規模で、ローカルに完結するものになるでしょう。利潤の最大化を目的とする社会経済システムの下にあっては、例えば筋の良い材の市場流通ばかりが重視され、こうした仕組みはなかなか成立しません。しかし、利潤の最大化ではなく、生活の安定や災害リスクの低減を目的としたシステムを考えた場合にはどうでしょうか。

　災害リスクの低減を目的としたシステムでは、ひとたび災害が起こったときに致命的な状況に陥らないように、様々な備えを社会の中に埋め込むことが「経済的である」と評価されます。都市部であれば、防火水槽や防災備蓄倉庫、あるいはソフトとしての防災訓練がそれにあたるでしょう。これらは自然災害が多発する風土に住む私達にとって、今や当然のこととなりつつあります。農村部にあっては、これまで述べてきた里海・里山の再生による食料・エネルギーの一定量自給が、備えの一端を担うことになると考えます。そして、こうした備えが単なる負担ではなく、日常のライフスタイルの一部に内在化されることにより、地域のレジリエンスが高まります［図3］。

　その地域のもつランドスケープのポテンシャルを読み解き、地域の資源をなるべくその場で活かすことを考える。それを支援するように、生活の安定や災害リスクの低減を目的とした社会経済システムが、地域の文脈に応じて実装される。復旧なき復興によって実現される震災後の社会においては、これまで地域が抱えてきた構造的問題を乗り越えるべく、ローカリティを基調とした様々な仕組みが成立していることが期待されます。

◉引用文献
1　岩手県（2012）：いわて防災情報ポータル、岩手県ホームページ、http://www.pref.iwate.jp/~bousai/、2012/01/11閲覧、2012/1/11更新
2　特定非営利活動法人 吉里吉里国（2011）：復活の薪、吉里吉里国ホームページ、http://kirikirikoku.main.jp/revivalfirewood.html、2011/12/25閲覧、2011/12/28更新

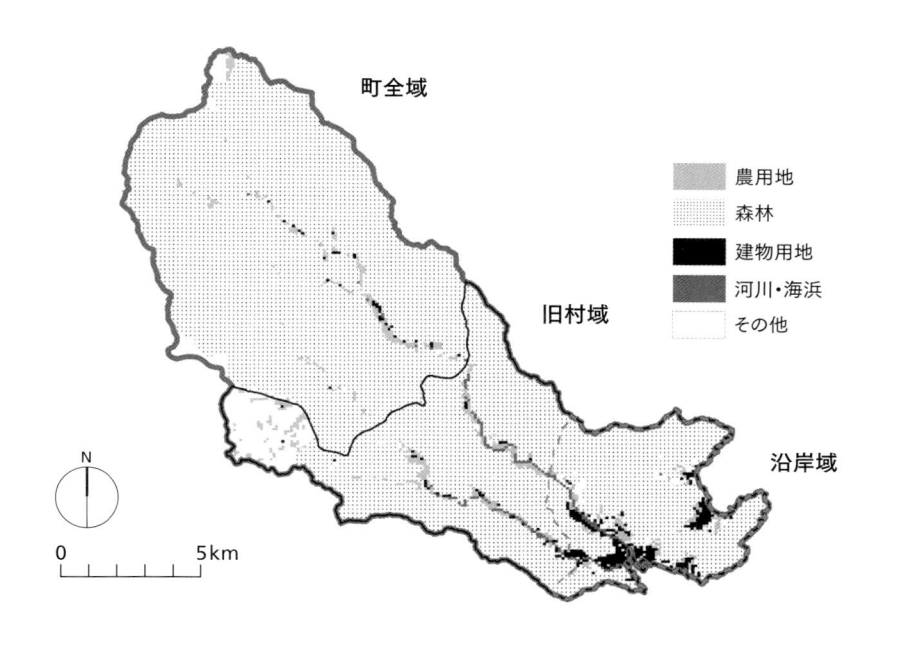

図2 | 大槌町の土地利用
各区域区分の境界は
農村集落界に従った。
(国土数値情報2006年
土地利用メッシュデータ)

	町全域	旧村域	沿岸域
森林の年間成長量（dry-t/yr）	163,700	518,00	11,810
供給可能エネルギー[A]（Gcal-t/yr）	788,900	251,000	58,020
家庭からの熱需要[B]（Gcal-t/yr）	65,800	63,600	59,900
熱需要充足率[A]／[B]（%）	1,200	395	97

表1 | 木質バイオマスによる
熱エネルギー自給率の試算結果
里山に大きなポテンシャルが
あることが分かる。

未利用バイオマスを利用した
新たな生業の創出
里山・里海の一体的再生

森林地区（里山）
副業の場として再生

労働　バイオマスによる
エネルギー供給
（未利用間伐材等）

復興地区（市街地）
エネルギー・食料自給構造の
内包によるレジリエンスの強化

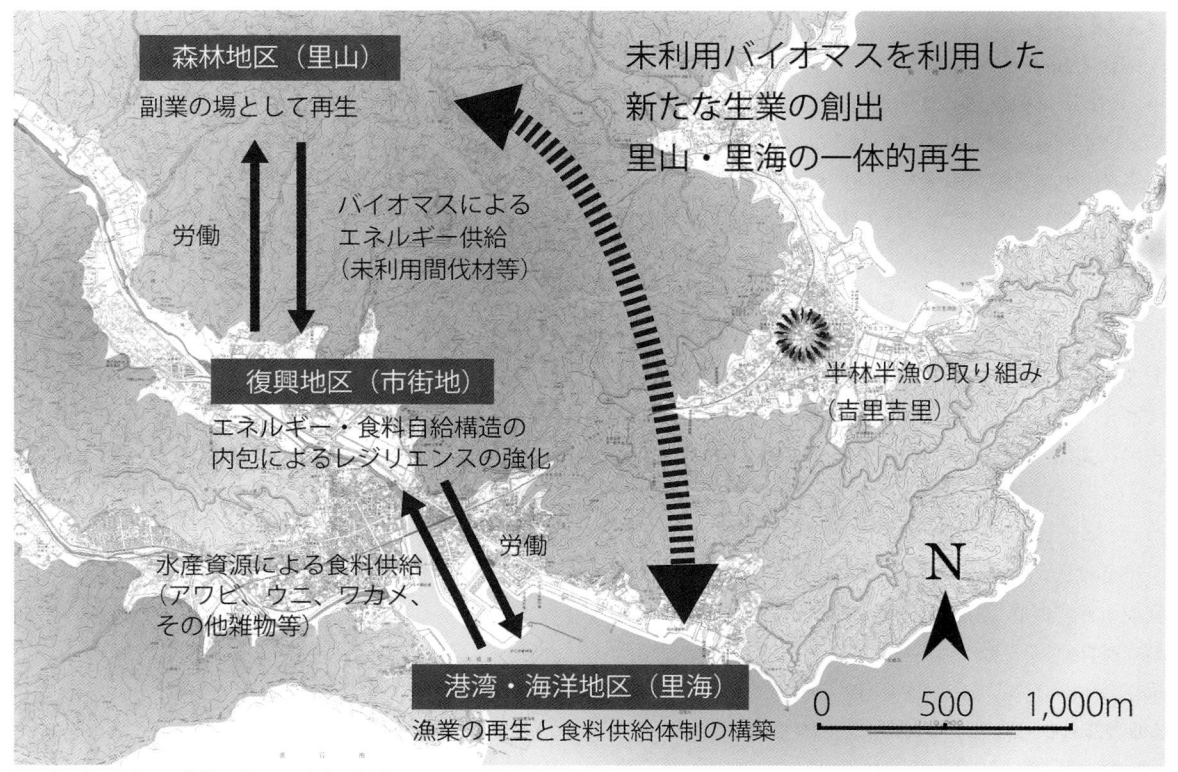

半林半漁の取り組み
（吉里吉里）

水産資源による食料供給
（アワビ、ウニ、ワカメ、
その他雑物等）

労働

港湾・海洋地区（里海）
漁業の再生と食料供給体制の構築

図3 | 里海・里山の一体的再生による生業の創出と
エネルギー・食料自給構造の内包によるレジリエンスの強化

（図は1/10000大槌都市計画総括図）

2-5 グリーン for キッズ

子どもの「あそぶ」を支える
場と機会の復活

子どもたちの罹災

「ひまで〜す」と大書された文字は、ファイト新聞第2号のトップ記事[1]。気仙沼小学校2年の吉田理紗さん(7)が「寂しい避難所を少しでも明るくしたい」と発行した壁新聞です。大津波は、子どもたちの時間も空間も大きく変えました。それは、柔らかさ、香り、大切さ、美しさを感じ、自分を定位しながら感性を構築しつつあった子どもたちの環境を失うことでした。

被災地に遊び場が必要だ！

NPO法人日本冒険遊び場づくり協会[2]（以降づくり協会）は、3月20日に遊び場づくりという支援を決め、阪神淡路大震災での罹災者ならびに遊び場支援を経験した理事が牽引しました。

宮城県気仙沼市本吉町大谷では、海から約400mの距離にある大谷小学校も浸水し、全世帯の25.7%が全壊、半壊、津波流失の被害を受けました。この地区との縁は、公益社団法人シャンティ国際ボランティア会から得たものです。そして振興会長と2名の地主さんのご理解に依って土地をお借りすることができました。

遊び場づくりは、4月18日にプレーリーダーとボランティアの5名でスタートしました。4月26日のオープニングに向けた整備には、子どもも沢山参加して遊びながらの場所づくりとなりました。やがて「あそびーばー」という愛称も付いて、子ども達は作詞：新沢としひこさん、作曲：中川ひろたかさんの「にじ」[3]を気に入って歌うようになりました。

メッセージの発信

「子どもたちが自由に遊べる場所はなくなってしまった。子どもには自分を癒す力がある。その力を十分に発揮できる遊び場、それこそが 今 必要なもの。そのために遊び場をつくりたいと思った」（づくり協会理事：天野秀昭）。
づくり協会は、「子どもたちがいきいきと存分に遊べる場所づくりにより、子どもたちの心身の回復および成長に寄与すること」への支援を募りました[4]。国内外から募金や物資が寄せられ、全国のプレーパークからプレーリーダーや運営者、そしてボランティアがあそびーばーの運営支援に駆けつけています。

あそびーばーの運営

あそびーばーは、基本的に2名のプレーリーダーが張り付き、大学生などのボランティアが補佐する体制でスタートしました。

2005年にづくり協会は、プレーリーダーの役割を「1：自ら遊ぶ、2：遊び心を誘い出す、3：遊び場をデザインする、4：気持ちを受け止める、5：一緒に考える、6：気持ちを翻訳する、7：防波堤になる、8：求めに応じて教える、9：大人として向きあう、10：危険を察知する、11：緊急時に対応する、12：人と人を繋ぐ、13：地域資源を開拓する、14：関係を紡ぐ、15：地域に広める、16：社会に伝える、17：子どもの立場から交渉する、18：主観を振り返る、19：客観を記録する、20：次代を意識する」と整理して、「子どもがいきいきと遊ぶことのできる環境をつくる人」と要約しました[5]。あそびーばーには、全国のプレーパークから第一線級のプレーリーダーが集結したことになります。しかしながら長くても1週間の滞在後の別れには辛いところもありました。そういった中で少しでも成果を共有するために「気仙沼子どもの遊び場日誌」[6]を記録していきました。

「あそぶ」を受けとめるみどり

面積2,000m²程のあそびーばーは、海岸から1km程の高台にあって、かろうじて瓦礫が視界から外れています。高低差のある敷地には、斜面林、井戸、竹林、耕地、ため池といった、人の香りのする場所がつながっています。このみどりが子どもたちの遊び場になっていきました。
遊び場日誌からみどりにまつわる記事を季節を追って拾ってみます。
① 4・5・6月：4/27 女の子達が竹滑り台を自力で作って滑っていたのには感心した。4/30 天ぷらの時は大人がタラの芽やセリの場所を教えてくれ一緒に採った。火を囲んでいると、ぽつぽつ自分の話したり、会話がはずむ。

復興の風景像　　　　　　　　　　　　　　グリーン for キッズ｜2-5　　　　　　057

南面から望む
"あそびーばー"の様子

"あそびーばー"の周辺環境
（東側にため池と竹林、
南側に湿性の荒れ地）

"あそびーばー"の平面図

5/26「蜂が出たんだ」と言う子。6/12 ウサギを滑り台から滑らせる子どもがいた。声を掛け止めてもらう。6/17 子どもが竹を一本切り倒したことにより竹工作はやる。コップ作り、楽器づくり。「(楽器づくり)失敗したらザリガニの罠にしよう」転んでもただでは起きない。

② 7・8・9月:7/4 大きなミヤマクワガタなどを見せに来る子がいた。「どこで採ったの?」と聞くと「今から、一緒に行く?」と言われた。7/8 ザリガニ川流しは、あまり残酷な雰囲気ではなく、ザリガニの強さに子どもが驚いたり、不思議さを感じたりする雰囲気だった。7/8 ターザンロープから、ハンモックを取り付けた木に飛び移ってハンモックに降りてくる、すごい! 7/17 杉っぱを持って来て火をつける。かなり火の扱いも馴れてきている感じ。7/20 この頃イカダづくりが流行っている。(中略)常連の子は深さを判っているが、単発できた子にわかるように看板をつくることにした。「深い、カッパもおぼれる、150cm」。8/5 来るのを楽しみにしているようで、林の中や原っぱで駆け回っていた。8/17 水場(プール)の中での津波遊びは、滑り台などで行う津波遊びとは子どもにとって受け取り方が違うモノだと感じた。恐怖や嫌な気持ちを抱いた子もいた。8/27 虫で遊ぶ、カマキリにバッタを食わせる。8/29 小六の子ども達が水路づくりに夢中でひたすら掘っていた。9/5 落ちているカキの実をなげるのに大盛り上がり。互いに投げ合ったり遠くに飛ばしていた。9/24 一人の子が棒を持って来て、そこにトンボを止まらせて採る遊びが広がり、みんなでトンボ採りをした。

③ 10・11・12月:10/19 何人か屋根に登って焼き芋食べたりしていた。10/24 おばあちゃんが「このあたりにこんな場所あったんだね。いままで外遊びって言ったら、外で道路を散歩するぐらいだったから助かります」。11/18 屋根の上は、たまり場。11/23 雨が強くなってきたので小屋に避難。12/2 うさぎが一羽(ゆうた)死んでいた。(中略)子ども達4〜5人が関わってお墓に埋めた。12/11 焚き火でまったりすることも子どもたちの中では最近あたりまえ。12/16 閉園までずっと、くぎ刺しで盛り上がっている間に、今度くぎ刺し大会をやることに、…みんなこれから練習をする様だ。

遊びの三間の復活

子どもの遊びを支える要素とされる「時間、仲間、空間」は、その3つの「間」という文字を拾って「三間(サンマ)」といわれることがあります[7]。寺谷地区の子どもたちにとっては、辛いことですが震災によって時間が、支援によるプレーリーダーが介して仲間が、そして土地の方の理解によって空間が子どもたちの手元に蘇りました。すると、地形、植物、動物、水遊び、火遊びなど、みどりという言葉に込められていた様々な要素が、子どもたちの遊びの環境となり、子どもは自ら遊ぶ機会を取り戻しました。

「津波遊び」には、違和感があります。しかしプレーリーダーは受けとめようと語り合ったといいます。遊ぶとは、自発的な行為です。自発的なことであるからこそ自らが育つのでしょう。傷ついた心を癒す道筋を命は必ず備えている、そう信じて「自ら遊ぶ」を支援したいのです。自学、自習になぞらえれば、子どもの育ちから自遊を奪ってはならないのです。

みどりは、子どもの遊び心を受けとめて展開することのできる多様な舞台です。あそびーばーでは、みどりの豊かさと季節の変化に応じた様々なシーンが繰り広げられました。

しかしながら、遊び場日誌には次の記事もありました。「11/28 そろばん教室やピアノの習い事の復活で子どもは6人しかこなかった。だんだん今までの習い事も再開してきたんだなあと時間が経っている実感がした」。子ども達の時間は、また無くなってしまうのでしょうか。子どもが遊ぶことへの理解者が地域からいなくなってしまうと、みどりは、遊ぶ場所としての輝きを失ってしまうのではないか…そんな不安がよぎります。

あそびーばーは、賛同者によって実現していて、プレーリーダーは遊ばせに行っているのではありません。子どもが自ら遊ぶきっかけを支え、癒すという「自助」を支えています。

みどりは、子どもたちが自ら遊ぶことを刺激する素晴らしい環境です。時間、仲間を奪うことなくみどりを開放することで、子どもは自ずと自ら遊ぶのです。ヒトは遊んでこそひとになり、人に支えられた豊かな社会につながるのでしょう。これが復興支援を通じて私たちが改めて考えさせてもらっていることです。

● 註
1 ファイト新聞社『宮城県気仙沼発!ファイト新聞』、2011、河出書房新社
2 「遊びあふれるまちへ!」をミッションとして、全国の280を超える活動団体と連携して遊び場づくり活動をつくっている。
3 天白プレーパーク(名古屋市)のプレーリーダーガクちゃん(塚本岳さん)がカンペー(神林俊一さん)と歌っていると、子どもたちがメモを取って覚えて広まった。
4 http://www.playpark.jp/asobibasien/ 東日本大震災復興支援サイト
5 http://ipa-japan.org/asobiba/modules/asobiba0/index.php?id=2 「プレーリーダーとは」
6 https://ssl.g-02.jp/browse/prinfo.html 東日本大震災被災地復興支援派遣プレーリーダー情報センター(会員のみ閲覧)
7 一番ヶ瀬康子『子どもの生活圏』、1969、日本放送出版

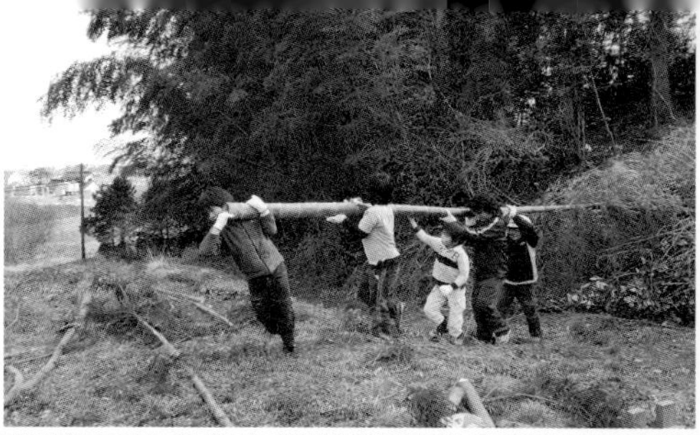
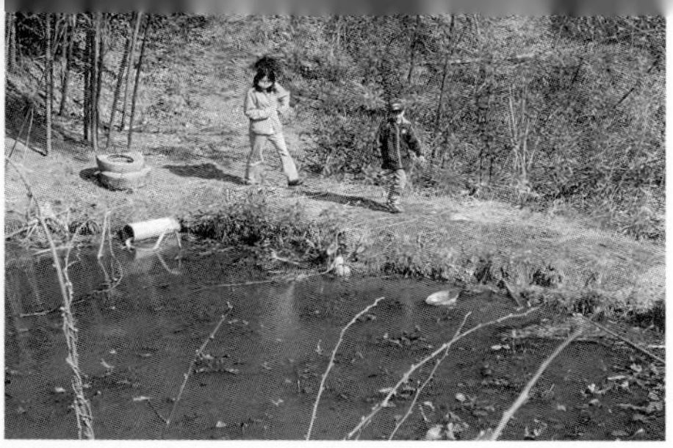
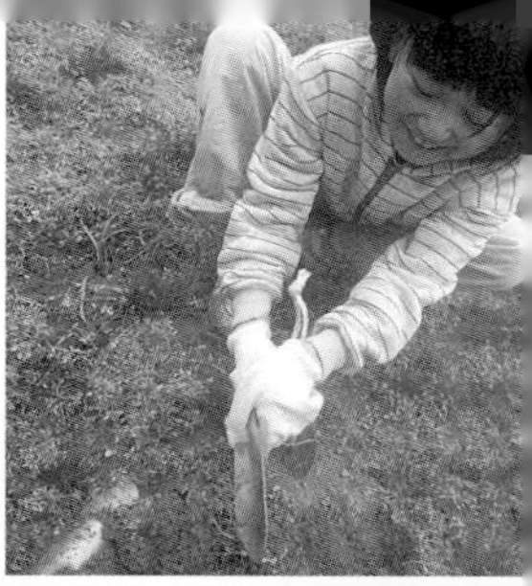
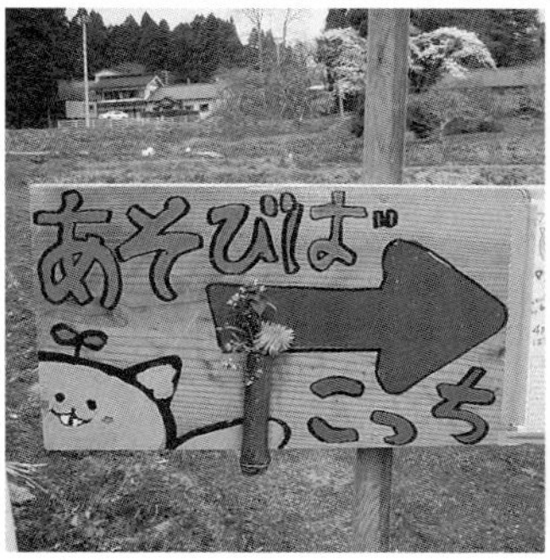
あそびは
こっち
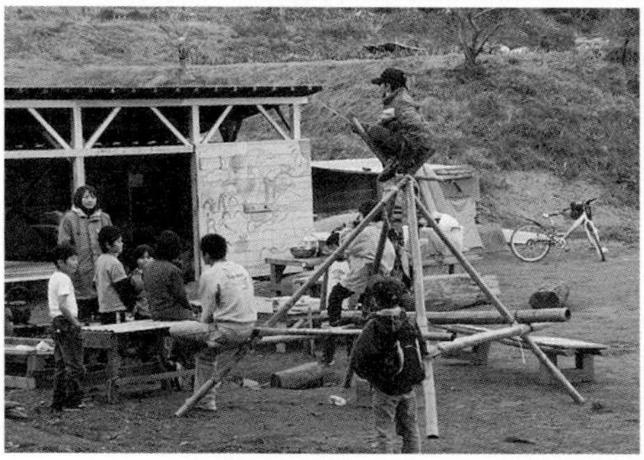
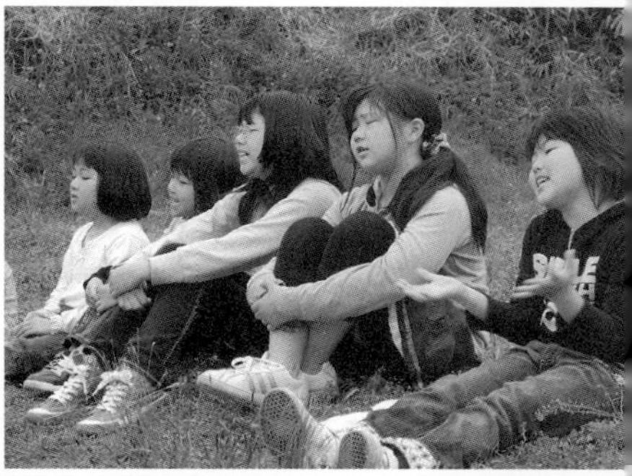
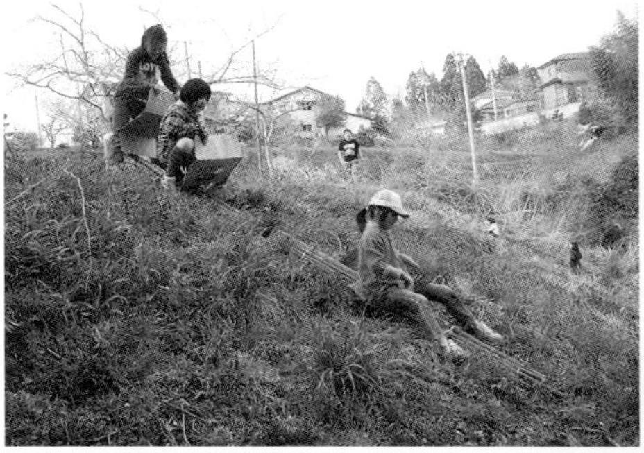
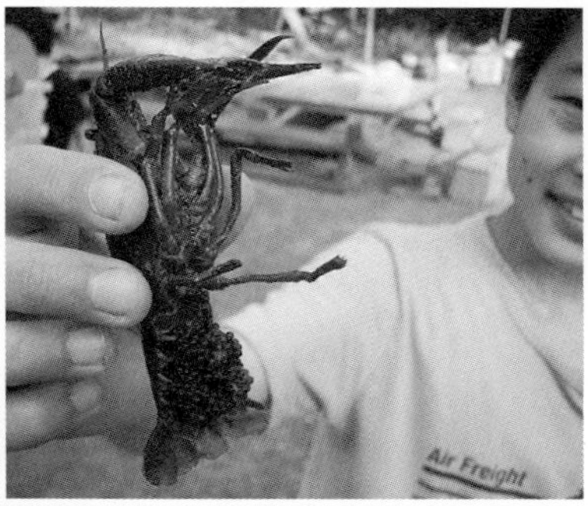
Air Freight
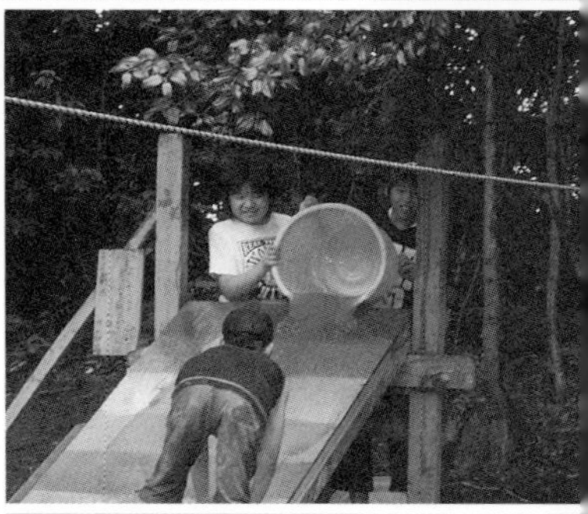
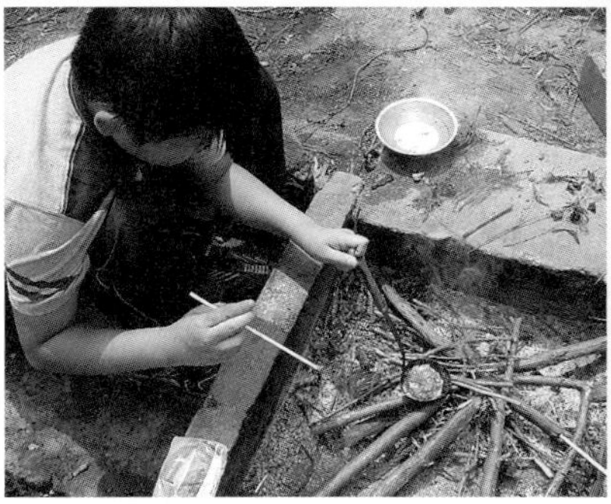
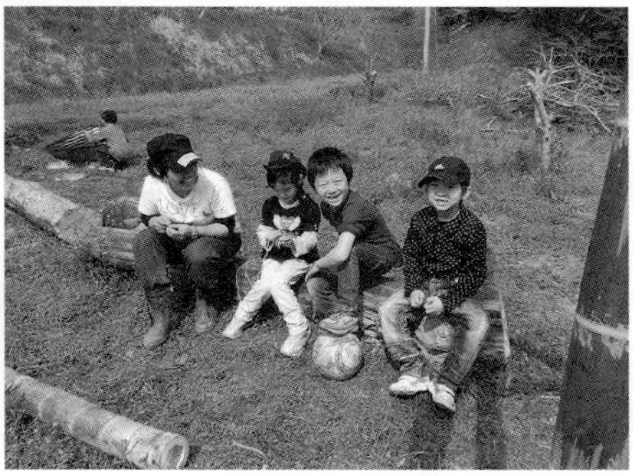
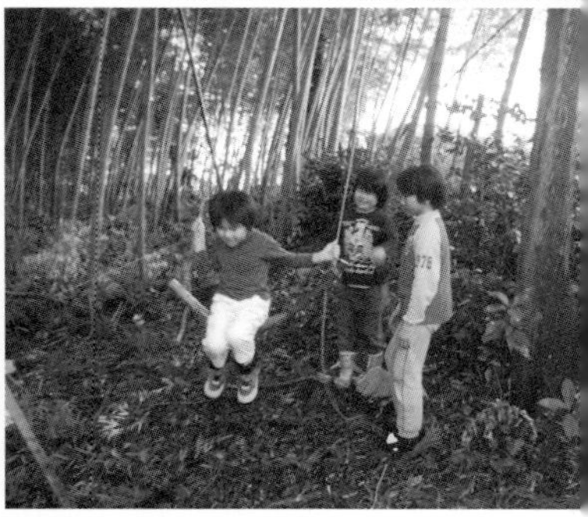
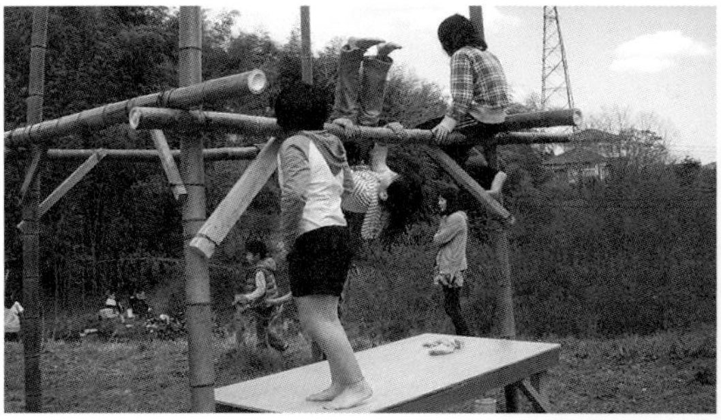
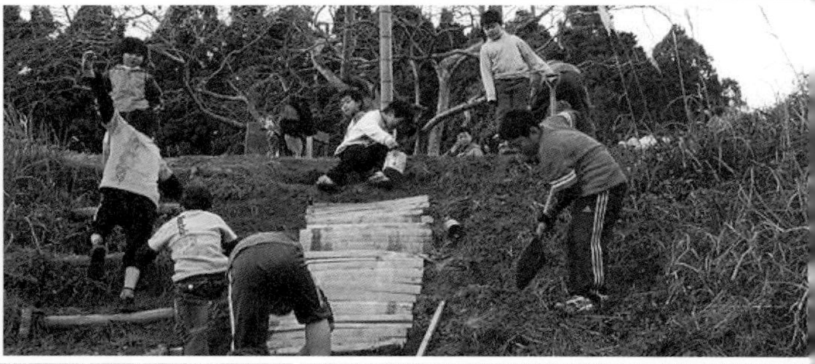
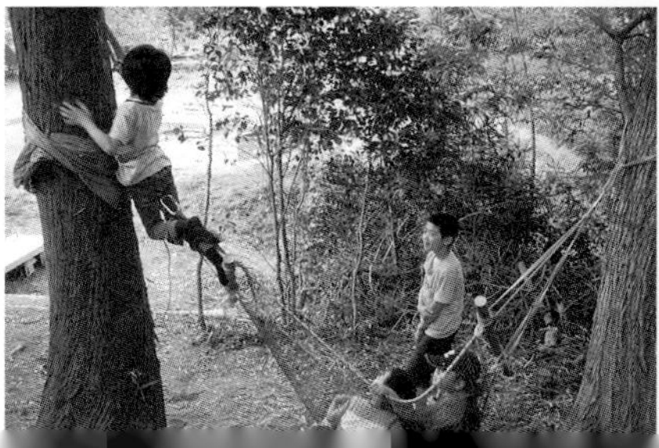
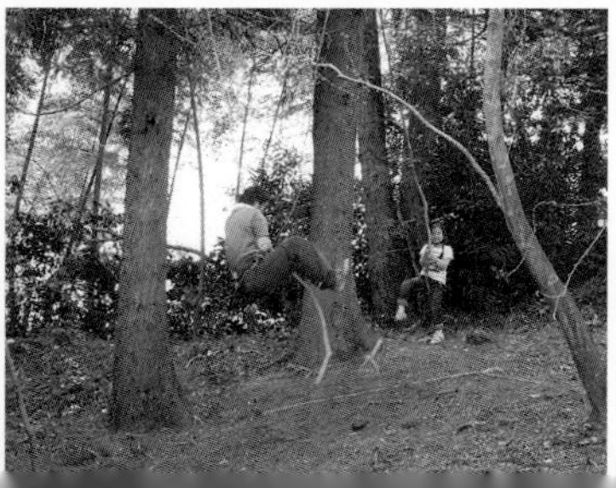
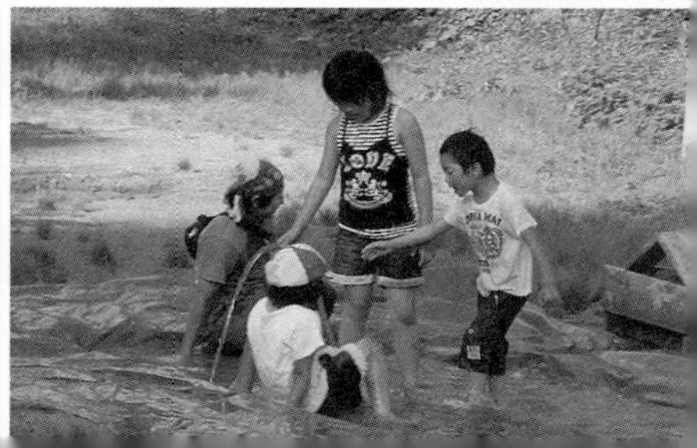

2-6 グリーン for シニア

高齢者が集う場と機会の復活と地域の歴史の継承

はじめに

　東日本大震災は都市・集落の区別なくランドスケープに大規模な被害を与え、とくに1次産業を生業とする農村・漁村への被害は甚大でした。震災発生から1年、復旧・復興がはじまりつつある現地で、被災された方々のお話しを直接伺う機会が増えるにしたがって、いわゆる高齢者の方々へのケアについて、疑問が生まれはじめました。東北地方のお年寄りはケアされるべき、守られるべき「弱者」なのでしょうか？　確かに身体機能は低下し、自由に移動できるとはいえません。しかしその生活や「地縁」には、都会の高齢者の方とは異なる、東北地方の集落や地域コミュニティの継承・復興を考える上でおそらく無視できない重要な「鍵」がある。その思いは日に日に強くなっています。

　ここでは、工学院大学建築学部が石巻市北上町十三浜に建設した「復興支援恒久住宅」に入居予定の方々に行ったインタビュー（2011年12月～2012年2月）に基づいて、東北沿岸の漁村集落に生活していた高齢者の方々の、何を、どう「ケア」すべきかを検討しました。北上町は、北上川の河口に位置し、度重なる水害を受け集落移転などを経験しています[1]。一方、豊かな海産物資源に恵まれ、養殖や沿岸域での漁業が行われています。東日本大震災での津波被害により、漁港に隣接する集落が被災し、河口よりやや上流、高台の中学校に隣接する公園に仮設住宅が建設されました。本論は極めて限定的ですが、一般の「高齢者ケア」と異なる視点から地域の高齢者が集う場、機会を復活するポイントを整理しつつ、その先に被災した集落の継承、再生・復興を見通すことを試みたいと思います。

仮設の街角

　2011年末、石巻市北上町の仮設住宅を訪れた際に目にしたのは、仮設住宅の角に佇み「日向ぼっこ」する高齢者の方々の姿でした。集会所では、お茶、急須、湯のみと漬け物やお菓子を持ち寄り「お茶っこ飲み会」も企画されていました。集会所管理人の方にお話を伺うと、高齢者の方々は集会所の中まではなかなか入らないそうです。その時は、街角や軒先に「ちょっと立ち寄る」半屋外空間の整備と、「都会型」のケアプログラムが効果的であると考えていました。

　しかしその後、お話を聞いていくにつれて、高齢者の方々は、かつての居住地のコミュニティ、地縁を仮設住居においても維持しつつ、さらにその輪を広げているという印象をもちました。例えば、農協婦人部による被災住宅跡地の清掃活動を通じて、これまでとは異なる新たなネットワークが築かれつつあり、互いに情報交換しつつ新たな取組を展開していました[2]。仮設の「街角」は「井戸端」であり、情報のハブでもありました。

　こうした仮設住宅での近所付き合いや共同作業を通じて産み出された「新たな縁」は、現在の高齢者コミュニティの変質とも共通性がありそうです。高齢者スポーツの代表であったゲートボールは今や競技人口が減少し、グラウンドゴルフやパークゴルフへと移行しています。ゲートボールが閉鎖的なコミュニティを基盤とするグループ競技である一方、グラウンドゴルフは個人参加で、開放性があります。仮設での高齢者コミュニティは、こうしたオープンエンドの地域コミュニティと捉えられるかもしれません。

半農半漁を支えた力

　多くの方々が仮設住宅や借上げ住宅からかつての集落裏山に残った「自分の畑」に通っていることも伺いました。車で20～30分かけて畑に通うのは大変だが、畑仕事は楽しみであると同時に、心の支えにもなっているとのことでした。これらの畑は避難生活を支える生産の場でもあったそうです。白菜、きゅうり、トマトなどの野菜、ブルーベリーなどの果実、日常的に仏壇に備える花など、広いところでは約一町歩（1ha）の畑でいろいろな作物を生産しているそうです。東北地方の漁村集落では裏山の畑は不漁などの非常時に自給自足する重要な食物供給源であり、大震災と津波被害という非常時に有効に機能するのも、ある意味で当然かもしれません。そしてその存在は漁で働く家主の父母、高齢者により支えられていました。

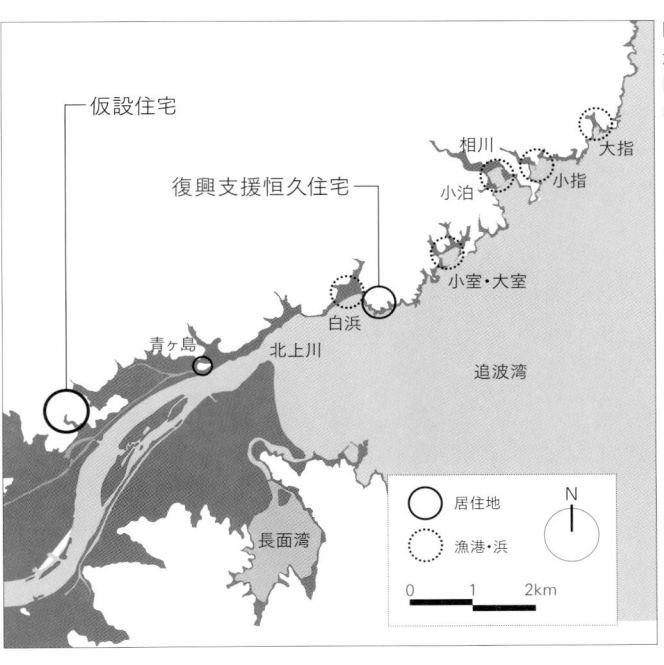

復興の風景像　　　　　　　　　　　　　　　　　　　　　　　　　　　グリーン for シニア｜2-6　　061

図1｜石巻市北上町の津波履歴と漁港・居住地の位置（津波の歴史は「東日本大震災津波詳細地図上巻」を参照した）

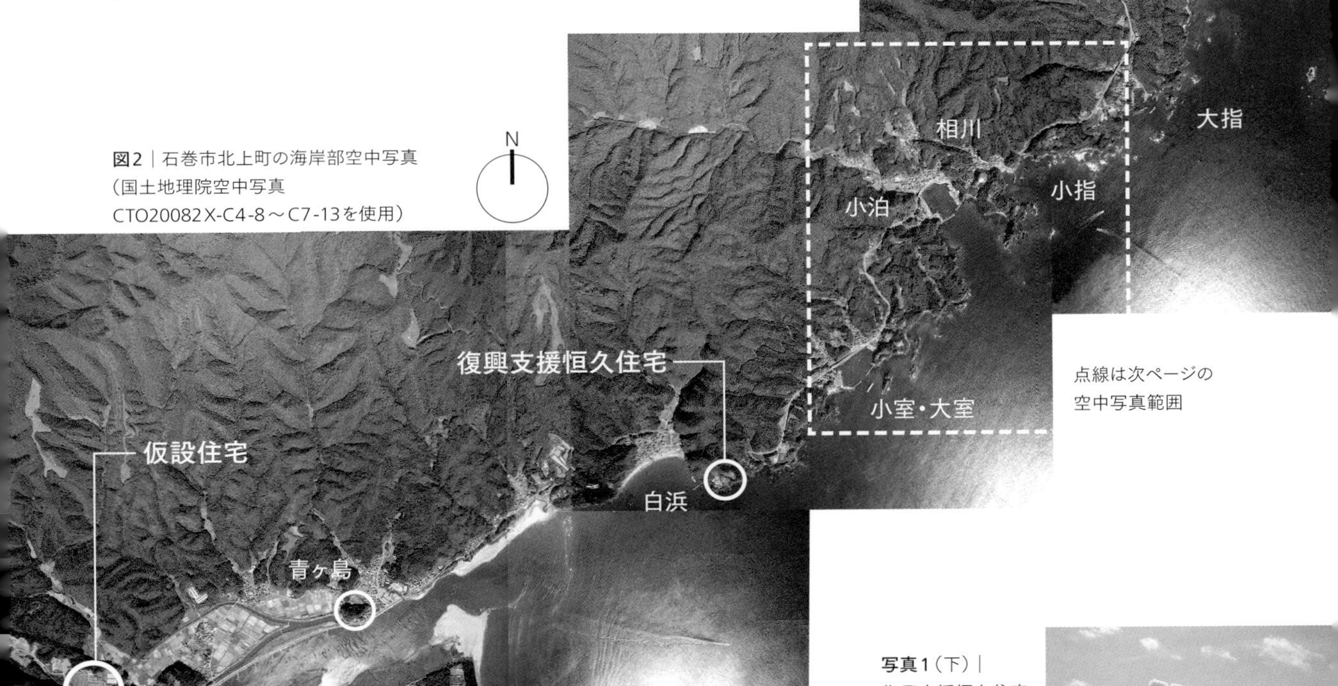

図2｜石巻市北上町の海岸部空中写真（国土地理院空中写真 CTO20082 X-C4-8～C7-13を使用）

点線は次ページの空中写真範囲

写真1（下）｜復興支援恒久住宅
写真2（右）｜恒久住宅からの眺め

高齢者ケアと高台移転

　東日本大震災の避難生活の支えでもあった「裏山の畑」は東北地方の漁村の「半身」と言えます。津波により家々が流されて基礎のみが残った集落近くに、被災を免れた「自分の土地」、自分の畑があること、集落の一部が失われずにあること。このことは高齢者のケアを考える上でも、また集落の継承と復興を考える上で無視できない要素です。災害時に多面的に機能した農地と高齢者ケアを結びつけて考えることの先に、海沿いの集落の高台移転やそれに続く、ランドスケープ再生を通じた震災復興があるのではないでしょうか？

沿岸集落における高齢者ケアとは？

　身近な緑や畑・菜園などでの生産を通じたグリーンケアは復興過程で重要な意味をもっています（2-5参照）。では、都市の高齢者ケアと異なる、東北地方沿岸集落の高齢者の「ケア」のためには何に留意すべきでしょうか？

　一つは「生活圏の把握と記録」です。①山間や高台に点在する農地を、以前の集落の残された「半身」として記録・把握すること、同時に②避難生活の実態を記録し、生活圏がどのように構成されているか、把握すること。さらに③仮設住宅もまた生活の「場」として認識・把握すること。失われた海辺の生活と被災後の生活圏を把握するために、高齢者の方々へヒアリングする場を設けることが、ランドスケープからのケアの第一歩ではないでしょうか。

　次に生活と集落復興の基盤として「高台農地」をどう考えるか？　残った高台農地は、新たな集落復興の「台木」や「治具」[3]として意義があると思われます。「半農」を受けもっていた農地と高齢者の関係を把握・考慮して、被災を免れた農地近くに集合住宅や分区園から構成された農住混合型の災害公営住宅などを整備し、集落（の一部）を移転することは、居住者の精神的支えの一つにもなるでしょう。

　恒久住宅入居予定の方々の生活スタイルもさまざまです。あるご家族は4世代8人家族全員の入居が困難なため、主に漁に携わる家主ご夫婦と畑で菜園を営むお母さんが賃貸で入居します。漁業が生業なため生活のリズムは季節により変化し、復興住宅の生活は「番屋」的な利用となり、将来はかつて居住していた集落裏山にある農地に防災集団移転による住宅建築を計画しているそうです。別のご家族は、山の裏手にあり津波を免れた農地付近に自宅の自力再建を検討したものの、「非居住地域」に指定されたため、住宅が建設できなかったそうです。2012年春には、石巻市の防災公営住宅整備計画も徐々に明らかになり、生活の復興への選択肢は増えつつあります。今後、個々の家庭へのきめ細やかな対応やコミュニティレベルでの住宅整備、住まい方への対応など、ライフスタイル自体のマネジメントの必要性は高まるでしょう。それは同時に高齢者ケアにもつながります。

　最後に農地の担い手も課題です。高台農地が存在していても、その担い手が高齢者のみでは今後維持していくのは容易ではありません。避難生活を送る祖父母と孫の世代をつなぎ、高台農地の「遺伝子」を「プレイパーク」などへと継承する可能性を議論する必要がありそうです。

おわりに

　高齢者に、医療や介護など専門領域に基づいて身体と心の健康のためのケアを行うことは不可欠です。一方で、災害発生後の高齢者のケアには、以前の生活の「継承」を工夫する視点が必要ではないでしょうか？　お話を聞くこと、記録すること、働くことのできる場、環境の再編を通じて、ランドスケープを再生し、地域の文脈を継承すること…。東北地方の被災地の高齢者にとって、そのケアとはかつての集落の空間とは無関係にはありえないように思います。高齢者のケアは専門外の筆者が本稿を書くに至ったのは、対象地では「ケア」と「ランドスケープ」が近い位置にあり、ランドスケープアーキテクトの職能におけるケアの比重が高いと感じたからでした。介護・医療の現場で語られる健康・心のケアと同時に、アイデンティティ、コミュニティのケアをランドスケープから進めること。そうした高齢者のケアは生業から生活への復興の礎でもあるのではないでしょうか。

◉ 参考・引用文献

1　宮内泰介研究室編（2007）:［聞き書き］北上川河口地域の人と暮らし——宮城県石巻市北上町に生きる、北海道大学、110pp

2　活動の合間に話題となった新聞記事がきっかけとなり、北上川沿いの桜並木を再生するNPOのプロジェクトへの参加が検討中である（にっこりサンパーク団地佐藤嘉信氏への聞き取り）。

3　石巻市内の石巻2.0プロジェクトでは、家具メーカー Harman Miller 社社員が復興支援ボランティアに参加、家具そのものではなく、市民が自由に利用出来る工房と家具を作るための「治具じぐ」の作成が支援された（20111222石巻工房小泉瑛一氏へのヒアリング）

4　原口強・岩松暉（2011）東日本大震災津波詳細地図上巻［青森・岩手・宮城］、古今書院

復興の風景像

写真3｜相川集落の谷戸集落跡

恒久住宅入居者Bさんのかつてのお住まい。上流に被災しなかった水田をお持ちだったが非居住地に指定され再建できなかった（談）

恒久住宅入居者Aさんのかつてのお住まいと裏山の農地。将来的に農地周辺への集団移転を希望し、数名の仲間と検討中である（談）

写真4（上）｜
小泊集落の集落跡
作業小屋等が再建されつつある
写真5（下）｜
小泊集落裏山の高台農地

恒久住宅入居者Cさん、Dさんのかつてのお住まい。入居した恒久住宅に住み続けるか、将来転居するか、現時点では未定（談）

写真6｜復興しつつある大室湾

図3｜復興支援恒久住宅入居者のかつての住居と復興の状況
（空中写真は国土地理院空中写真CTO7526-C4-8〜C7-13を使用、
津波の履歴は「東日本大震災津波詳細地図上巻」を参照した）

2-7 コミュニティ再生と景観づくり

次世代まで継ぐ地域づくりの手法

復興過程におけるコミュニティ再生のターニングポイント

これまでの大規模災害からの復興と同様に、東日本大震災からの復興でもコミュニティ再生の対応の遅れと混乱が指摘されています。都市部よりも密接なつながりがある反面、過疎化の影響もありコミュニティ維持に課題があった東北地方では、居住地移転も含めた復興過程で集落が分かれてしまう可能性もあるため、より目に見える形でコミュニティ再生の取り組みとその継続が必要です。

阪神・淡路大震災からの復興プロセスを振り返ると、コミュニティを基盤とした復興まちづくりにいくつかのターニングポイントがありました。最初のターニングポイントは被災から1年前後の、復興計画・復興事業の策定時です。復興の具体が見えてくるこの時期に、従前の地域での生活や仮設住宅での暮らしの経験が計画・事業に反映されるかが、後の自律的なまちづくり≒コミュニティ再生に大きく影響を及ぼします。2つ目は、被災から3年前後の住宅の再建といった個人の大きな目標が達成される時期に、まち全体のコミュニティ活動に対して地域住民の関心が薄れるといったものです。3つ目は、被災から5年前後経った時に、まちづくりの意識も活動内容もそれまでの震災復興から日常のまちづくりに移行する必要があったというものです [図1]。

東日本大震災からのコミュニティ再生も初期・中期・後期に分けて内容が変化するでしょう。①内発的かつ自律的な活動に、②多くの主体と世代が参画し、③各期の活動を継いでいくことを基調としつつ、各期・各地域固有の留意点をふまえコミュニティ再生と景観づくりを進める必要があります。

復興初期：仮設住宅で様々なコミュニケーションが生まれる機会づくり

仮設住宅で非日常的な生活が続く復興初期には、当面の自治組織の運営に資するべく会合や規約などのシステム提案が被災地に多く届きます。それらを有効に機能させるためにも、当たり前のコミュニケーションを活性化する機会と場を生活の中につくり、日常を取り戻す取り組みが必要です。岩手県上閉伊郡大槌町にある「まごころ広場うすざわ」では、開設当初から遠野まごころネットのスタッフによって青空カフェや炊き出し等が実施され、10人程の地域の方々が「いただくだけでは申し訳ない」と運営を手伝うようになると、その方々の顔を見により多くの地域住民が集まり、情報交換の場所としても機能するようになりました [写真1]。また、生活の場の近くにコミュニティガーデン(共同花園・菜園)を設けることもコミュニケーションの誘発に有効です。花や野菜を育てることは継続的な関わりが必要なので、皆が集まる理由ができるのです。加えて、花はその美しさを皆が共有でき、野菜や作物は皆で調理し食べることができるので、「誰かのため」の活動にもなります [写真2]。コミュニティガーデンを運営する中で、資材や指導者が確保できれば、住戸周りでのガーデニングや個人菜園を支援することも可能となり、より多くのコミュニケーションが期待できます。

多くの世代がコミュニティや復興に関わる機会をつくることも大切です。阪神・淡路大震災からの復興過程では、子どもからお年寄りまでがドングリを集め、苗木を育て、地域の自然再生に関わる「ドングリネット神戸」が機能しました [図2]。特に東日本大震災では海岸林や法面の崩壊からの自然再生が大規模に行われるため、そこに多くの世代が簡単に関われるシステムを挿入することは、技術的にも社会的にも有効です。また、世代をこえて継いでいくものとして地域行事があります。大槌町では、伝統的な臼沢鹿子踊りを、年齢や性別の制限を取り払い、他地域に居住する親戚等も踊るようにしました [写真3]。郷土芸能や祭、地域食などは口伝で継承されることが多く、災害によるコミュニティの撹乱に大きく影響されるので、一時的にでも既存の取り決めを変えることで地域文化の継承と多世代コミュニケーションを継続することは有効な手法です。

復興中期：新たな居住地でのコミュニティの場づくり

恒久住宅への転居が進む復興中期には、コミュニティへの関心の薄れが危惧されると共に、集落移転によって住居と従前の生活の場が離れることも想定され、新たなコミュ

		計画への 地域課題の反映	まちづくりの 意識の希薄化	日常の活動への転換							
復興全体の流れ		▶県・市復興計画策定	▶災害復興住宅 街びらき	▶仮設住宅 入居者ゼロに						▶兵庫県「阪神・淡路 大震災復興本部」廃止	
深江地区 まちづくりの流れ		▶深江地区まちづくり協定		▶震災記念コンサート		▶多文化まつり				▶バザー	
			▶深江駅前 花苑整備	▶花と緑の市民 協定締結	▶広域防災帯の公園化		▶子供まち歩き探検				時間
	H7.1.17	H8	H9	H10	H11	H12	H13	H14	H15	H16	H17	H18〜
	復興初期				復興中期		復興後期					

図1｜阪神・淡路大震災からの復興におけるターニングポイント

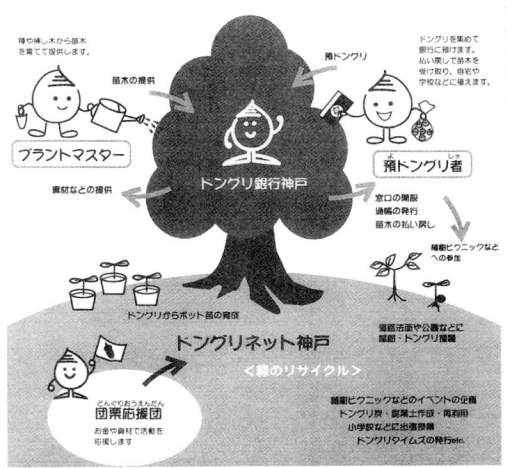

写真1（上）｜まごころ広場うすざわ
キッチン含め出入り自由で、
地域住民によって自律的に運営されている
図2（下）｜ドングリ銀行神戸のしくみ

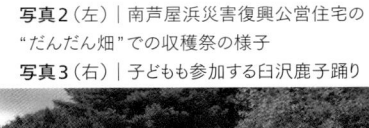

写真2（左）｜南芦屋浜災害復興公営住宅の
"だんだん畑"での収穫祭の様子
写真3（右）｜子どもも参加する臼沢鹿子踊り

まず、恒久住宅やコミュニティ施設の整備にあたって、復興初期に取り組まれたコミュニケーションやコミュニティ活動を日常的に共有し続ける工夫が必要です。阪神・淡路大震災からの復興における住宅整備において、早期に「快適で豊かな生活空間の発現が、結果としての良好な景観を生む」「住み手の一人一人にとっての生活空間の問題から、全体としての環境形成に至るまでの、景観総体としての居住空間の質的向上を図る」と規定された景観形成指針が策定されました［表1］。この暮らし＝コミュニティの発現、すなわち地域への愛着や他者への配慮、協働によって支えられる景観：コミュニティ・ランドスケープの考え方は、地域固有の生活や文化、環境が多く存在する東北地方の居住地整備において不可欠でしょう。

津波被害から生命の安全を守るため、東日本大震災からの復興では集落移転の手法が用いられようとしています。従前の居住地の一部は農林水産業の場として活用されるので、住居跡地に相当する土地をどう活用するかという課題が残っています。新潟県中越地震からの復興過程で全戸が移転または転出した小千谷市十二平地区では、従前のコミュニティの拠り所を作ろうと、元の集落の各戸にモモやサクラの樹を植える「桃源郷プロジェクト」が行われています［写真4、5］。本プロジェクトでは、将来、春には花見、夏は果実の収穫、秋は紅葉を楽しみつつ冬囲いをするといった活動から元の集落に通うことにより、離れて住むようになった住民が集い、従前のコミュニティについて再構築できる仕組みを意図したものになっています。東日本大震災からの復興で集落移転を行う際にも、転出する方もいれば、元の場所での居住を選択する方もいるかもしれず、移転先でのコミュニティの場づくりだけでは十分でない可能性があります。従前より関わりは薄くなっても、年に数回の手入れで管理できる樹木を植え、花見や月見、収穫など季節行事を従前の居住地で行うことによって、物理的に離れたコミュニティをつなげることが期待されます。

復興後期：
日常の関わりから地域の風景を再生する

恒久住宅への移転から数年経った復興後期には、コミュニティ活動を復興から日常へ切り替えていく必要があります。その際には、生活に根ざした短期的な取り組みに加えて、地域らしさを中長期に渡って再生する取り組みをあわせて検討すべきでしょう。

東日本大震災復興構想会議による「復興への提言――悲惨のなかの希望」には、防潮林として長きに渡って存在した松林を防潮堤に置き換え、更に陸側に二線堤を整備することで減災を目指すことが記載されています。このような構造物によって防潮の「用」と「強」を担保するとともに、その周辺を松林に戻し「景」の要素も備えることで、地域らしい景観を一部取り戻すことができます。兵庫県尼崎市では、生物多様性に配慮し流域産種子だけを用いた「尼崎の森中央緑地」の整備が、100年計画で進められています［図3］。地域住民が種子採取から苗木の育成、植栽、管理まで関わり、自治体がその活動を支援する取り組みは、地域への愛着や誇りを醸成しつつ、子や孫の世代に地域の環境を継いでいく取り組みとして、単なる公園整備事業とは異なる意味を持っています［写真6］。被災地の住民が、一世帯数本ずつ松の苗木を育て、自分たちの生活を守る構造物の周りを鎮魂の森にしていく取り組みは、従前から大きく変わり得る地域景観を地域住民が守り、未来の世代に継いでいく方法として期待できます。

コミュニティと景観づくりを支える仕組み

前述したコミュニティ再生とそれを基盤にした景観づくりを実現するためには、様々な支援方策をコミュニティ単位で一元化し、地域住民と共にどのような活動に集約するか考える仕組みが必要です。

被災後1年目では、行政や社会福祉協議会、ボランティアセンターなどからそれぞれ各種相談員や生活支援員が派遣され、個別に支援が打診されるために、仮設住宅の自治会で対応しきれず、機能不全に陥っている場合もあります。地域主導でコミュニティ再生や地域らしい景観づくりを進めるためには、コミュニティ単位で復興支援員を早期配置するとともに、復興支援員の素養としてコミュニティと緑をつなげる手法を盛り込むことが必要です。復興支援員によってコミュニティの活動の方向性が定まった時、それを具体事業として実現するためには、行政の予算および執行手順から独立した基金も必要です。この支援人材と支援資金の一体的な運用が、コミュニティ再生のサポートの基盤となるでしょう。

景観形成の6つの基本テーマ

①「快適で豊かな生活空間をつくる」
　なによりも、人々が快適で健康に暮らせ、豊かに生きることのできる生活空間づくりをめざす。豊かな生活空間の、街なみへの表出こそが、良好な住宅地景観形成である。

②「防災性に配慮する」
　震災の経験に応え、地震、火事等の災害に強い、安全で安心して暮らすことの出来る住宅地づくり、街づくりをめざす。

③「周辺環境に配慮し、応答する」
　景観とは生活空間の総体であるから、こちらの敷地と隣の敷地、向かいの敷地、及び街区、さらには街全体といった、周辺環境をいかに見据え、その応答として、公共空間に資する景観をいかに生み出すかが大切である。

④「時間とともに生きる」
（サステイナブル〈持続可能〉な空間づくり）
　時間を通して一定の秩序を保ちつつ、豊かに成長変化していく生活空間づくりをめざす。
　だれもが永く住み続けられる、恒久的で耐久性のある、生活空間の骨格をつくる。
　日常や四季を通した時間変化による、自然のうつろいを味わい、楽しむことのできる空間づくりをめざす。

⑤「地域性を引き継ぎ、未来へ生かす」
　人と生活が時間とともに蓄積してきた価値観、慣習、文化、さらには地形や気候等の「地域性の」継承・発展を図る。それらのおおらかな秩序の中にも、各々の空地や建築の個性化を図り、秩序と個性のバランスに配慮する。

⑥「環境共生に配慮する」
　地球環境にやさしい街づくりに配慮する。
　太陽、水、風、緑など、自然環境を利用した生活空間づくりを行う。

表1｜景観形成指針の6つの基本テーマ
（出展：阪神・淡路大震災に係る災害復興住宅の設計方針（1995）、災害復興住宅供給協議会）

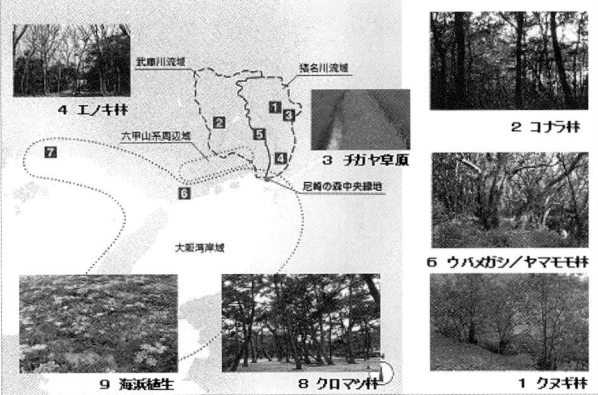

写真4（上）｜じょんでぇら桃源郷プロジェクト
元集落でのサクラの植樹作業
写真5（中）｜じょんでぇら桃源郷プロジェクト
作業後の食事会
写真6（下）｜圃場での苗木生産活動の様子
各家庭に2本程度の苗木を預ける里親制度もある

図3｜尼崎の森中央緑地のモデル植生と流域産種子の範囲

2-8 防災施設の景観化

自立性の高い
オープンスペースへの提言

はじめに

「都市防災施設としてオープンスペースをとらえた場合、それはどのような機能と特徴をもち、どのようにあるべきか?」本節では筆者が2011年5月に(社)日本造園学会関東支部の一員として訪れた浦安市、我孫子市、香取市の液状化被害調査、および宮城県亘理町、塩竈市の津波被害調査と、2011年11月に再度浦安市を訪れた際の調査結果などから、東日本大震災で被害を受けた都市のオープンスペースの被災状況と特徴を考察、検討します。

都市防災施設として
オープンスペースを捉える視点

浦安市液状化対策技術検討調査委員会(2011)は、浦安市の公共施設としての公園の被災状況と地震時の公園の目標性能を以下のようにまとめています[表1／浦安市液状化対策技術検討調査委員会第3回資料を要約]。

表1●地震による重要度別目標性能

施設ランク	目標性能
S 避難所 (運動公園)	レベル2地震発生後、 自宅が被害を受けた市民を対象に、 一定期間の避難生活を維持できる機能を有する
A 避難場所 (近隣・地区・ 総合公園)	レベル2地震発生後、 一時的に避難できる機能を有する、 飲料水を供給できる機能を有する
B 街区公園等	レベル2地震発生後、 一時的に避難できる機能を有する

▶レベル1地震動
施設の供用期間中に1〜2度発生する可能性の高い地震動
▶レベル2地震動
陸地近傍で発生する大規模なプレート境界型地震や直下型地震のように、大きな強さを有する最大級の地震動

ここには、これから述べる都市のオープンスペースのありかたを考える上で、常に意識しなければならないポイントが記されています。それは公園の目標性能という考え方です。表1では、公園をランク分けし、それぞれが必要とされる目標性能を明確にしています。

しかし、実際の被災地でみたものは、この目標性能に示される機能は決して公園だけが果たすのではないという事実でした。逆に言えば、公園を含めたオープンスペースが非常事態に果たす「役割の幅広さ」が再認識されました。

今日、私たちは東日本大震災の復旧・復興を図りつつ、一方で近い将来に発生が予測される関東・中部をはじめとする他の地域での地震への備えも図らなければなりません。

そこで、非常時における公園を防災施設として厳密に議論するのと並行して、公園だけでなく、道路、河川、さらに私的空間まで含めたうえで、ランドスケープの視点から都市のオープンスペース総体での防災施設としての可能性を考えることが大切ではないか。そのような視点から、以下の論考を進めたいと思います。

災害とオープンスペースの関係

1. 被災内容とオープンスペースの機能

関東地方の液状化被害地域では、それぞれのオープンスペースの機能の一部が、様々な状態で機能不全をきたしていました。元来オープンスペースには災害時の避難地という機能があり、その機能は発揮されていましたが、それ以外の機能、たとえば細街路の通行機能や、街区公園の保健休養機能などは機能していませんでした。いわゆる緑地の機能分類を利用して整理をすると、存在機能は維持されたが、利用機能が不全状態となったといえます。

一方、地震と津波の被災地のオープンスペースは、機能全てに加え、空間そのものが喪失していました。災害直後の、ほんのわずかな時間で空間そのものが失われ、それ以降は利用機能のみならず存在機能までが不全状態となりました。おそらくこうした状態は、津波だけでなく、大規模な被害が広範囲に広がった火災などの場合も同様だと考えられます。

写真1｜浦安市および亘理町の被災状況の比較

以上から、災害の内容とオープンスペースの間には、利用機能不全がもたらされるのか、利用機能と存在機能の二つとも不全をきたすのか、という視点を持つことが可能になります。それを以下のように整理します［表2］。

表2●オープンスペースの機能と災害

機能	内容	液状化被害	津波被害 火災被害
存在機能	都市の無秩序な連担防止 災害時の避難地の確保	機能維持	機能不全
利用機能	洪水・土壌侵蝕など災害防止 大気浄化などの環境維持 生物資源の保全と多様性確保 自然保護と生態系保全 風致の保全と増進 保健休養教化の場の提供 生物生産の場の提供	一部に機能不全	機能不全

2. 災害発生からの時間経過と機能の変化

一方で、地震の被害が甚大であっても津波による被害は限定的であった場所、言い換えればオープンスペースの存在機能がある程度維持されていた場合においては、オープンスペースに求められる機能は災害発生からの時間の経過とともに変化していました。これは被害の内容によらず共通です。

災害直後は一時的な避難場としての機能、つまり存在機能の発揮が強く求められています。災害直後から数日以降は、オープンスペースは「建築物等の機能を補完する場」として利用されています。具体的には炊き出し（＝キッチン）、トイレ、情報交換（＝リビング）、土砂やガレキの集積の場（＝バックヤード）などで、家庭が都市スケールに拡大したような状態と言ってもいいかもしれません。これは、オープンスペースと相対する建築物が機能不全に陥っている状態の中で、オープンスペース側が存在機能を確保していたからこそ果たした役割といえると考えられます。

そしてその後、インフラの復旧・回復と避難された方々が家庭や会社に戻る速度に応じて、それぞれのオープンスペースが持つ利用機能が復旧していきます。こうした災害からの経過時間とオープンスペースの機能の関係を模式化したのが図1です。

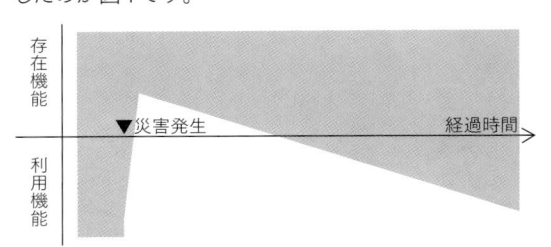

図1 | 災害発生からの経過時間とオープンスペースの機能

写真2 | 浦安市の被災状況の変化
（左2011.5.4撮影　右2011.11.27撮影）

浦安市総合公園

高洲中央公園

高洲地区スーパーマーケット

浦安市中央公園

新浦安駅前の歩行者用階段

美浜三丁目地区

美浜南第二児童公園

3. 時間経過とオープンスペースの復旧

オープンスペースの復旧のスピードは施設の内容によって異なることもわかりました。浦安市における2011年5月〜11月の6ヶ月間の被災状況の変化を比較すると、施設により変化の程度にかなり違いがあります [写真2]。

施設の類型化の精度は今後の課題ですが、「復旧速度が大きい施設は利用頻度も高い施設である」といえるのではないでしょうか。街区公園や細街路は、本来の機能が復旧するまでに相当の時間がかかりそうです。一方、多くの人が利用する通行量の多い道路や商業施設などは機能も早くに回復しています。

こうした事実は、限られた財源をどのような優先度で活用するかという視点から考えてみれば当然のことですが、大小さまざまなオープンスペースが災害時および災害直後に果たしていた機能に比して、復旧にむけられる財源の配分は小さいという印象をうけます。

提言〈自立性の高いオープンスペース〉

復旧、復興と同時に予測される新たな災害への備えも必要となる今日において、防災施設としてのオープンスペースをいかに景観化するか、すなわち生活の中に内在化させればよいのか。そのために、今まで述べたオープンスペースと災害の関係を以下に整理しました。

①オープンスペースの存在機能と利用機能をどの程度発揮できるかは、災害の種類、規模によって異なる。
②オープンスペースの発揮する機能は、災害からの時間経過に応じて、存在機能中心から利用機能を含めたものへと変化する。
③オープンスペースの機能は、利用頻度の高いものほど速く回復する。

ここから、被災状況や時間経過に左右されず、存在機能と利用機能が様々な形で担保されることの大切さが読み取れます。そしてその大切さは、「自立性の高さ」と言い換えることができると考えます。

では、「自立性の高いオープンスペース」とは何か。ここでは3つの切り口からまとめてみたいと思います。

1｜インフラ依存度が低いこと

災害からの経過時間によらずに機能を発揮するために必要な条件として、他のインフラへの依存度が低いことが挙げられます。公共下水道が破損している状態や、電力などのエネルギー供給が寸断している状況においてもトイレや照明が機能することは、災害後の早期からより高い水準で被災地域に寄与できます。具体的には、①バイオトイレなど自己完結型施設の設置、②非常用発電機や、太陽光や風力発電装置などの配置が考えられます。

2｜復旧難度が低いこと

現実的な復旧プロセスを考えた場合、平常時の利用頻度がそれほど高くない施設の場合は、復旧までの時間を多く要することを念頭に、「復旧しやすい」、「被災しにくい」設えを考えることが重要となります。具体的には、①舗装面積を限定、必要以上に舗装しないことで、動線の寸断や活動スペースの分断を回避する、②埋設管や地下防火水槽などの上部は重要動線とせず、活動の妨げとなる浮き上がりや段差による支障を回避する、③排水溝を多用せず、地表勾配や自然浸透などの本来の地形を活かした雨水排水施設により構造的な機能不全を回避する、などが考えられます。

写真3｜地下構造物のマンホールの配置にみる復旧難度の違い

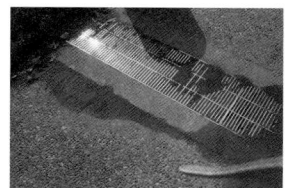

写真4｜噴砂で詰まった、もしくは変形したグレーチング

写真5｜舗装素材による復旧難度の違い

3｜ネットワーク性能が高いこと

そもそもオープンスペースへのアクセス性がなければ存在機能は発揮されず、当然、利用機能も発揮されません。面積が確保されているだけでなく、利用しやすい場所にあることが重要となります。そして先ほど確認した復旧の実態から推測すれば、アクセスしやすいオープンスペースをつくることで利用頻度は高まり、結果として復旧速度が高くなっていくといえます。

では「アクセス性が高い」とはどういう状態なのか？　たとえば、公園が地下鉄の駅に近いとか、駐車場を完備して

いるなど、交通機関とオープンスペースの日常的なアクセスの良さを言うのではない、のはいうまでもありません。公園が歩道や緑道、河川沿いの遊歩道、そして、それらを介して行政庁舎や体育館、図書館、駅前広場などの公共公益施設と連続し、「どのような形」でも繋がっていくことで、多くの人が様々な施設にアクセスしやすくなっている状態、と考えるべきであり、ここでは「ネットワーク性能が高い」状態と言い換えたいと思います。このような状態では、平常時の利用率も高く、災害時には安全な場所への避難ルートや物資供給ルートとして活用が容易になります。

さらに今回の震災では、亘理町では、自動車専用道の盛土が近隣地域で最も「高台」である実態が明らかになりました。また塩竈市では操業停止を余儀なくされた大規模小売店舗前のオープンスペースが、人と物と情報の集積地点となっていました[**写真6, 7**]。東京のオフィス街では、ビルのアトリウムやピロティが帰宅困難者の収容場所となって活用されました。

写真6 | 津波被災地と高台としての自動車専用道盛土（亘理町）

写真7 | 人・物・情報の集まる休業中の商業地（塩竈市）

つまり、高規格な自動車道の道路敷やサービスエリア、民間商業施設の外構やオフィスビルの公開空地といった、いままでの公園緑地系統を中心としたネットワークとはなじみにくいと思われる空間もオープンスペースのネットワークの対象として考慮することが必要であることを付け加えたいと思います。こうした空間がネットワークされることによって、単体としての公園やオープンスペースが使いやすくなるだけでなく、それぞれのオープンスペースがネットワークされた総体として「自立」し、災害時の存在機能と利用機能を高次に発現できるようになるのではないでしょうか[**図2**]。

さらに、ネットワーク性能が高いオープンスペースは災害時のアクセス性が高くなるだけではなく、平常時においても有効です。以前よりも多数かつ多様な属性のユーザーの

利用機会が拡大され、オープンスペースの利活用方法にも拡がりが生まれます。プランナーやデザイナーが想像もしなかった使い方が生まれる可能性があります。そしてその結果、公的空間であっても、ユーザー側からの「自立的な」平常時のメンテナンスの仕組みに発展することを期待することができます。

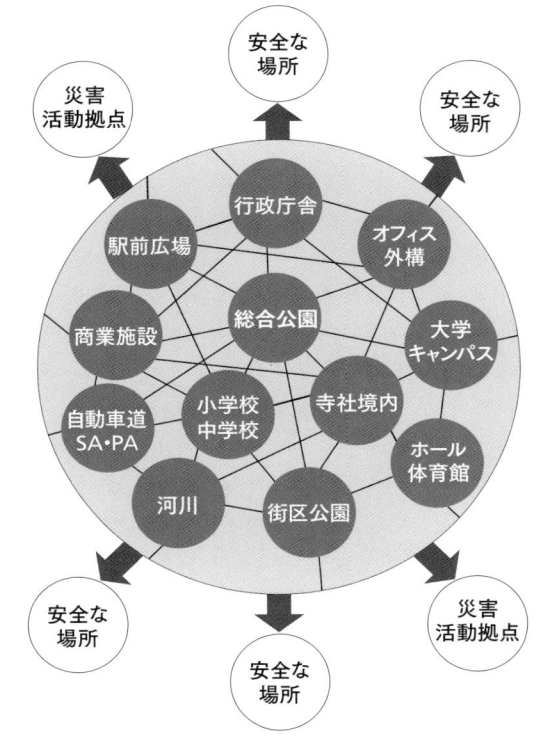

図2 | ネットワーク性の高い状態のオープンスペースのイメージ

おわりに

以上のように、被災状況とその後のプロセスの中から、災害に強い街づくりを考える要素として、自立性の高いオープンスペースの構築が重要であることが浮かび上がってきました。そして歴史的背景や地形的特徴、社会的・経済的条件を読み取りながら、地域の空間構造の中に、自立性の拠り所と様々な空間のネットワークを構築する手がかりを見出し、発信していく作業が、官民を問わず、すべてのランドスケープに携わる職能の取り組むべきテーマのひとつであることが、今あらためて明らかになったのではないかと考えます。

● 参考文献
1　浦安市液状化対策技術検討調査委員会資料（2011.12）千葉県浦安市公式サイト http://www.city.urayasu.chiba.jp/menu11324.html

2-9 「いなす」デザイン

自然と向き合える状況づくり

空間からよみとる

筆者らは岩手県宮古市において、今回の震災で被災を免れたものとその条件を調査してきました。併せて今までの住民の方々の津波への対応方策およびそれによって創出された空間も、史料や地形図等にあたりながら調査し、当該地域における自然と人との関係をみております。既に土木学会では、「自然の力に従う土木」として、①地質・地盤条件に従う、②自然の形態に従う、③自然の力に従う、の3つの方向性を掲げています[1]。技術の発達していなかった過去においては、住まい方はこの方向性にそって営まれ、「いなす（住民が津波の力をかわす）」ことが前提だったと想像できます。空間全体からその住まい方をよみとくことが、今後の被災地における安全・安心の先を見据えた住まい方の基盤づくりに繋がると考えられます。この作業はまさに造園分野が取り組むべき作業といえるでしょう。

防潮堤

防潮堤は、今回の東日本大震災において大きくクローズアップされました。メディアを通して防潮堤が津波を防いだことや防潮堤があるために海の様子が見えずに被災した、など様々な功罪が伝えられております。防潮堤が「防災」と「減災」を論じる象徴であったといえ、それまで「防災」しかなかった（「防災」だけが検討されがちであった）方策の考え方に「減災」「多重防災」という選択肢を増やしました。宮古市田老（旧田老町）では、防潮堤が地域を特徴づけておりました。防潮堤の存在が津波のあることを示していたと同時にそこに住む人たちの想像を超える「まさか」という事態も引き起こしました。それでも、地域に住む漁業に携わる人たちは海の見える場所に住みたいといいます。自然環境を資源に生業を営むのであれば、今までのような土木構造物だけで自然と対峙していくのではなく、日常生活から今回のような不測の事態に至るまで常に自然と向き合える状況をつくることも考慮すべき観点でありましょう。

宮古市田老では、防潮堤の形は津波の力を分散させるV字型でした。しかし、市街地の広がりとともにX字型に変化し[図1]、結果、津波の威力を集中させる結果となってしまったことはよく報道されるところです。自分たちの住んでいる場所がどのような特性を有し、どのような履歴を経て今日に至ってきたのかを住まう際の前提とし、集落全体の様々な要素をもってそれに向きあっていくのです。防潮堤という単独の土木構造物に全てを委ねてしまうのはその文脈を分断することになってしまいます[写真1]。

海岸林

海岸林の効果や今後の海岸林の整備に関してはいくつかのシンポジウム等で既に報告されている通りです[2]。そもそも海岸林が整備される主たる目的は防風・防砂であることが多く、波（津波）に対しては勢いを緩める効果や漂流物を止める効果が副次的に期待できると考えた方がよいでしょう。本多静六は、防潮林（海岸林）の効果として、波を防ぐだけでなく、その整備による地域社会および経済への波及効果まで言及しております［下表。図2に防潮林整備案][3]。海岸林の整備を、住民や集落との関係で捉えていたのです。

今回の震災では、海岸林内での液状化現象や地盤沈下によって海岸林の流出が起こりました。この対策として砂丘を設け、そこに海岸林を植林するとしております[2]。風で運ばれてくる砂を利用して砂丘を形成していくという堆砂工法と海岸林の組み合わせは、藩政時代から行われてきた最も効果ある工法とされてきており、防潮堤に代わる効果も期待されます［図3[4]、写真2]。また、落ち葉掻きが充分に行われてこなかったことも海岸林流出の一因であるとの指摘もなされており、整備だけではなくその後の管理体制も

一 波ヲ防グ
二 不生産的ノ砂地ヲ生産地ニ変ジテ木材、下草等ヲ生産スル
三 潮風ノ害ヲ減ジテ後方ニ在ル田畑ノ収穫ヲ増加セシメル
四 白砂青松ノ風景地ガ出来ルカラ、公園トシテ又海水浴場トシテ利用セラレ土地ノ繁栄ヲ来タス
五 魚付ノ効果ガアル
六 精神的安住ヲ増ス、即チ沿岸ノ住民ハ津波ノ襲来ヲ慮レテ居ルカラ、防潮林ノ造成ニ由テ避難ノ余裕ノアルコトニ安住ノ度ヲ増ス
七 其ノ地方ノ風致風景ヲ増シ、惹イテ愛郷心ノ基トナル。而シテ愛郷心ハ之ヲ大ニシテハ愛国心トナル。

表｜本多静六による防潮林の効果

復興の風景像

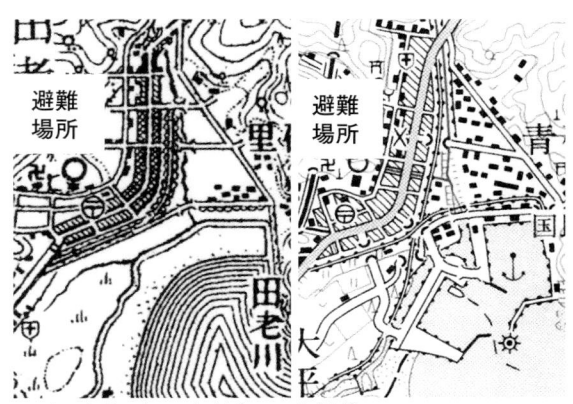

図1 ｜ 田老地区（1952年（左）2002年（右））
街路が避難場所の方向を向いている

写真1 ｜ 宮古市・白浜の防潮堤（集落と海を分断している）

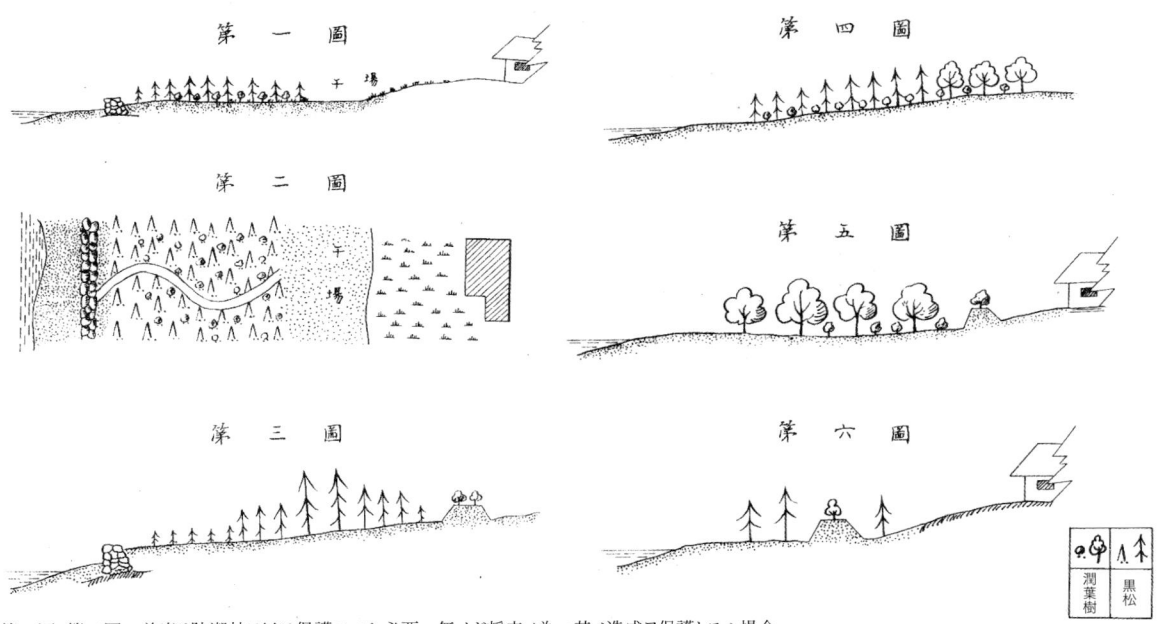

第一図・第二図…差当リ防潮林ヲ以テ保護スベキ必要ハ無イガ将来ノ為ニ其ノ造成ヲ保護トスル場合
第三図…速急ニ効果著シキ防潮林ヲ造ル場合
第四図…砂ニ土ノ混ザルコト割合ニ多クシテ土地ノ肥沃ナル場合
第五図…緩衝地帯
第六図…植樹地ハ極メテ狭ク住宅ガ高所ニ移転シタ場合

図2 ｜ 防潮林の整備案

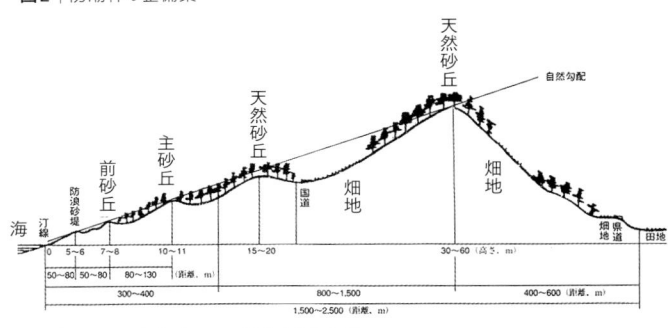

図3 ｜ 山形県・庄内砂丘の一般的な断面図[5]

写真2 ｜ 庄内砂丘の海岸林と集落（庄内）
（海岸林の向こう側に海）

構築する必要があります。かつて行われていた海岸林の整備および管理が、今後の海岸林の整備および管理に求められてくるのです。海岸林を整備することが目的ではなく、沿岸域で暮らし続けることが目的であり、そのひとつの手段として海岸林を整備・管理するのです。海を意識した住まい方の表現として海岸林があるという認識が必要です。

地形・土地利用

今回の震災によって被災した沿岸域のうち、海岸段丘とリアス式海岸を有する宮古市内の集落はそれぞれ地理的に独立しています。海側に耕作地がありその奥に集落が位置するという土地利用を有する地区がいくつかあります。津波が来ることを前提として、守るべきもの(生命・財産)の優先順位を考えた結果として生じた土地利用ではないかと考えてられます。図4で示した摂待地区では、海岸線から約1.5kmまでの範囲は田畑であり、その奥に集落が位置しています。また、津軽石地区では、海岸線から約1.5kmまでは水田があり、海岸線沿いにはかつて国有林および漁業組合有林の海岸林が存在していました(現在は宮古運動公園) [図5]。これらの地区では水田より内陸にある集落ではほとんど被害を受けておりません。摂待と津軽石の海岸線-耕作地-集落の構造は、地形図を見る限りでは大正の頃から変化しておりません。一方、津波の経験を踏まえて高台に移転したと考えられる集落では、番屋を設け、そこで泊まり込みをしながら作業をしていました。こうして津波があることを前提として、海との関わりを持ちながら生業を含む住まい方が営まれてきました。その後、一旦高台の集落に移住した世帯や新しい世帯が生産効率を高めるために、海岸線に近い低地に住みはじめるようになったといいます。

先に述べた田老では、昭和初期に、各戸の敷地から隅切りによって道路用地を提供してもらい、高台にある避難場所に向かった道路整備を行なっていました[図1]。こうして、町の骨格自体が避難を前提としたものとなっていました。

海岸線に対して垂直な形状をしていた仙台市海岸公園冒険広場の築山は、津波が襲ってきた時に崩れずに残り、ここに登った5名が助かりました。人の生活は土地に基づいて営まれており、その高低や形状を活かす地域づくりが安全・安心につながり、現象として空間に現れるのです。

遊水地

今回の被災地ではありませんが、河川の氾濫による水害対策として甲府盆地にある信玄堤が知られています。信玄堤は霞堤と雁行堤の組み合わせによって構成されています。霞堤の構造は堤防のある区間に開口部を設け、その下流側の堤防を堤内地側に延長させて、開口部上流の堤防と二重になるようにした不連続な堤防です。堤防が折れ重なり、霞がたなびくように見える様子から、霞堤と呼ばれています。霞堤には、平常時に堤内地からの排水を容易にする効果と、上流で堤内地に氾濫した水を、霞堤の開口部からすみやかに川に戻し、被害の拡大を防ぐ効果があります。雁行堤は空を飛ぶ雁の列のように堤防を並べて築くことから呼ばれています。水害の際には水流が堤防の間に流れ込んで勢いが弱まるため、堤防の決壊を防ぐ効果があったとともに、流れ出した土砂によって周辺の耕地が肥えたといいます[図6, 写真6]。水の流れを理解し氾濫することを抑え込むのではなく、そこからの回復を目指し、それを利用する構造なのです。また、「おみゆきさん」と呼ばれる、一宮-二宮-三宮という三つの神社間を練り歩くお祭りも行われています。この目的は、堤防を踏み固めることと洪水の記憶を継承していく事であり、堤防の名付けとともに河川が氾濫した記憶が継承されていくのです[5]。

「いなす」ための状況づくり

「いなす」デザインは、何かしらの力を「いなす」時がある、という認識を前提として考えられます。土木構造物を設置し、あたかもそれで対策が完結したかのような安心感は、時として「想定外」という言葉で示されるような甚大な被害をもたらします。防災対策には完結するものはない、という認識を常に持てる状況づくりが求められるでしょう。

先に示した通り、災害に対しては、例えば防潮堤などのひとつの施設で対応するのではなく、そのおかれている環境をよみとき、住まい方や空間を含めた地域全体で対策を施し、時にはそのデザインづくりに地域住民も参加していくことで被災の記憶を風化させないなど、様々な「いなす」ための状況づくりを、対応策とともに検討していく必要があるのです。

●註

1 土木デザイン研究委員会(2000):『土木デザインの実践的理念と手法に関する研究・調査』
2 国際森林年記念シンポジウム(2011):海岸林を考える──東日本大震災からの復旧・復興に向けて、日本造園学会震災復興支援ワークショップ(2011):造園分野の視点から、東日本大震災をいかに記録に止め、何を学ぶのか
3 農林省山林局(1934):三陸地方防潮林造成調査報告書
4 酒田営林署(1983)海岸治山事業概要
5 山梨県立博物館(2008):シンボル展・信玄堤

復興の風景像

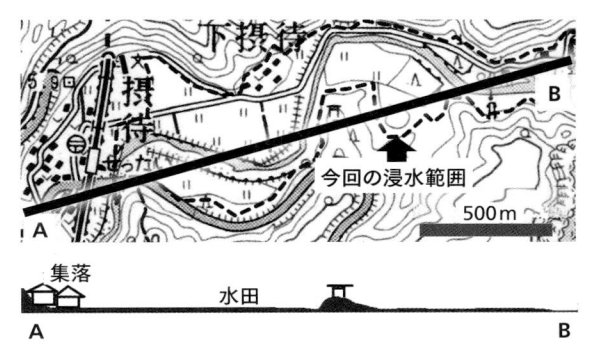

図4｜摂待の土地利用（上）と断面図（下）

写真3｜防潮堤付近より集落を望む（摂待地区）

図5｜津軽石の土地利用（1953測量地形図）（上）と断面図（下）

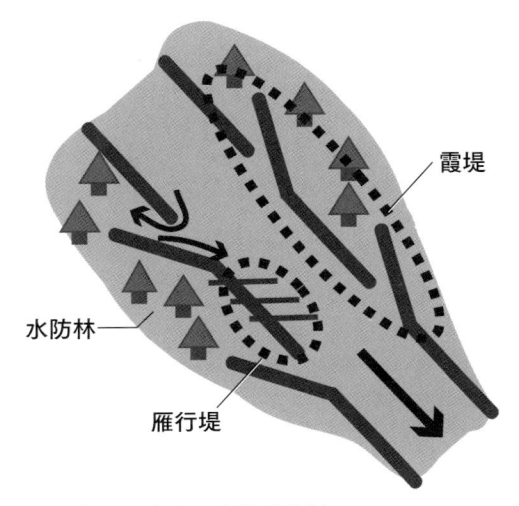

写真4（上）｜国有林の名残と思われるクロマツ林帯
写真5（下）｜海側から集落を望む（津軽石地区）

図6｜信玄堤（霞堤・雁行堤・水防林）

写真6｜霞堤の内陸に位置する水防林と水路・遊水地

2-10 グリーンインフラの構築

レジリエンスをもたらす
空間計画と土地利用転換

レジリエンスとは

　ここでは、レジリアントな社会の復興[1]という考え方と、そのような目的にたいし、ランドスケープの観点からいかなる対策や復興像を示せるかについて述べます。その際、人間の生活や生産活動が展開されている場の問題だけでなく、人間に財やサービスを提供する生態系も併せて考える必要があり、そのような空間的概念を生圏と定義することにします。また、レジリエンスについては、生圏の持続性を阻害する撹乱にたいして、生圏が発動する抵抗力、回復力、安定性と定義します。

　東日本大震災とその復興、防災まちづくりの局面に、このレジリエンスという概念を当てはめてみると、以下のような問いを立てることができます。すなわち、地震・津波などの自然災害の影響を受けにくく、また、被災前の状態に速やかに戻ることができ、さらに、広域にわたって生活や生産を持続できる生圏とはいかにあるべきかが問題となります。

　例えば、東北地方太平洋沖地震によって発生した巨大津波により、防潮堤が損壊し、建造物の多くに流出や損壊が見られたことは、想定外の自然災害に対する防護施設や構造物の抵抗力の弱さ故の結果と言えます。

　また、インフラや産業施設が広範囲にわたって機能不全に陥り、生活や生産活動の再建に遅れが生じています。これは、防潮堤偏重の防護対策がとられた結果、防潮堤の想定を超えた津波被害からの回復力に乏しい環境を結果的に生んでしまったことが原因と考えられます。

　さらに、例えば、気仙沼のように、水産業とその関連産業・関連施設が港湾埋立地に集中立地していたため、津波被害により地域経済は大きな打撃を受けた地域があります[2]。これは、基幹的な生産活動や土地利用が特定の地域に集中していると、その地域が被災した場合に、経済活動が不安定化する可能性が高いことを示しています。

　こうした撹乱の影響を前提としつつも、可能な限りそれを排除または軽減することによって生圏の持続可能性を高めていく必要があります。

レジリエンスを高める作法

1. 自然に対する認識

　技術は、想定外のリスクを不可避に抱えるものですが、今回の東日本大震災を受けて、人命や資産を守ることが可能な津波防護レベル（L1）と、人命は守るが堤内地への浸水を許容する津波減災レベル（L2）の2種類の津波を想定し、L2にかんして浸水を前提に街づくりを行うべき[3]とした点は非常に画期的です。なぜなら、防潮堤によって津波（撹乱）の影響を排除しようとする街づくりから、撹乱を受け入れ、なおかつその影響から速やかに回復できるような都市・社会づくりへと、方針の大転換がなされたからです。

　撹乱を受け入れることを前提とすると、どこにどの程度どのように受け入れるかによって生圏は多様な状態をとりえますし、また、それを動的なものとして想定する必要を生じます。ゆえに、生圏の持続性を制御する都市づくり、防災計画においては多分に順応的な対応が求められるようになると考えられます。

2. レジリエンスを高める作法

　生圏のレジリエンスを高める具体的な作法として、以下があげられます。

● いなし

　「いなす」とは、「攻撃をあしらったり、かわしたり」「去らせる」という意味があります。今回の震災復興においては、防潮堤のみでは防ぎきれないL2クラスの津波については、それをいなす街づくりが求められます。いなす技術は、撹乱を受け入れる以上、当然必要になってくる作法で、撹乱の影響に対する抵抗力を高めるのに有効と考えられます。

　例えば、防潮林やイグネは津波の破壊力をいなす重要な防護手段ですし、また、微高地も津波の末端部ではそれをいなし、家屋を守る有効な要因となります。さらに、RC造やピロティ形式、杭基礎などの建造物の工法・構造は、津波の破壊力をいなす効果が確認されています。

● 多様性 Diversity

　防潮堤など、特定の防御施設に頼るのではなく、多様

な防護や避難の手段を確保しておくことは、津波に対する生圏の回復力や安定性を高めるうえで有効と考えられます。防災において、工学的な対応が必要であることは明らかですが、それに加えて避難計画など、ソフト面での対応を充実することが求められます。

例えば、気仙沼で水産業と観光業を営む企業経営者は、年2回実施していた避難訓練が今回の大震災時にも役立ったと述べています。地震発生時、経営代表者が不在だったにもかかわらず、適切な避難行動によって気仙沼で就業していた従業員全員が生存しました。この経営者が、防潮堤は避難の時間を稼ぐための手段だと言われたことは印象的でした。

● **冗長性・遊び Redundancy**

津波を受け入れるからには受け入れる場所が必要になります。そしてそのような場所には主要な都市機能、居住機能、基幹的な生産機能の立地は避けるべきで、可能であれば積極的な土地利用は放棄すべきでしょう（荒れ地や遊水池など）。そのような、相対的に生産性の低い土地、遊びを持たせた土地の存在を認める態度が、撹乱を受け入れる街づくりでは重要になります。平常時は非生産的でも、有事の際には生圏の安定性、回復力を高めるのに有効と考えられます。

被災地で、学校等の校庭が避難場所や仮設住宅用地となったり、公園や運動場等の公共的なオープンスペースが瓦礫置き場として使われたりしています。これは、土地の有効活用・高度利用を促す経済原理の下で、敢えて経済外的な土地の存在を許容することで、有事の際の生圏の安定性・回復力を高めることができることを示しています。

生圏のレジリエンスと復興像

1. 生活空間のレジリエンス

生圏のレジリエンスを高めるうえで第一義的な与件はL2クラスの津波をどこでどのように受けるかということです。津波の浸水深と想定される被害の程度は標高や地形・地質、土地利用によって一様ではありません。浸水に加え、建造物の多くに流出や損壊が見られた（または予想される）区域では、居住（付随して学校等）は避けることが大原則となります［図1，図2］。それが難しい場合、地質や地盤の安定した区域への選択的な居住、盛り土や嵩上げ、工法・構造による対策が不可欠となります。

また、高い浸水深や建造物の流出・損壊が見られ（または予想され）、地質条件も悪い区域については、津波の減衰や遊水機能を持たせた公園緑地として土地利用の転換をはかっていくことが期待されます。公園については平常時の利用も視野に入れた施設整備も求められますが、緑地については施設的な整備よりもむしろ、生態系の自己回復力に委ねるという視点が検討されてしかるべきでしょう。

2. 生産空間のレジリエンス

水産業の立地は漁港と不可分であり、また水産業を支える関連産業と相まって一大産業集積地を形成しています。例えば気仙沼では、魚市場に近接して、水産加工施設、冷蔵冷凍倉庫、周辺商店街や観光施設などが立地し、さらに水産業をバックアップする燃料コンビナートや造船所がコンパクトに港湾地区に集中しています。これら業務中心地区を、津波のリスクを避けるために高台に移したり、L2クラスの津波にも耐える防潮堤で防御したりすることは、生産活動を行う上で大きな支障を来します。

そこで、相対的に津波リスクの高い場所を職の場とし、低い場所を住の場とする土地利用ゾーニング（津波リスクの度合いに応じた）が現実的な対応となります［図1，図2］。付近に避難場所となる高台や高層建築が少ない（または存在しない）場合には、事業所自体の防災性能を高め（地盤や地質の精査、剛構造、高層化、食料備蓄など、災害時に自立可能な備え）、避難路の整備や避難計画を充実させておく必要があります。

このような、防潮堤だけに頼らず、街づくりや避難計画なども含め、多重的な防護を施す手法は、海陸の分断や景観への影響を抑え、生産機能や自然環境の多面的な機能（生態系サービス）の劣化を軽減することにもつながります。

3. 生態系のレジリエンス

生存・生業・生活[4]が優先される一方、被災地における復旧後の復興段階において郷土の景観や文化、歴史、地域の方々の思い出や記憶の元となる自然環境の再生も重要となります。復興に向けて期待されることは、津波により消失した緑地や地盤沈下などにより湿地化した土地における生態系の自己回復力をもとにした生態系サービスの最大化であるといえます［図1，図2］。これにより、生活や生業を守り、育み、国土レベルを視野においた生物多様性の保全・回復を図ることが可能となります。

求められる自然環境のパターンは地域により異なると考えられますが、生態系のレジリエンスの向上と経済性を踏まえた場合、海岸では、低茎草本類が主体となった海浜植生や湿地環境などの氾濫などの撹乱があることで成立

する自然環境が考えられます。これらの自然環境は、土木的な防災対策により撹乱を排除してきた現代において貴重な存在となっているため積極的に保全することが求められます。また、防災の観点からは、地域計画の中で「いなし」や「冗長性」の機能をあわせ持つ場として計画的に保全・再生されることが望まれます。

一方、海岸の後背地の住宅や田畑を守り、かつての海岸景観の再現を考えた場合は、樹林環境を創出することが求められます。その場合は、今回の津波によって樹林が壊滅した事例から問題点を明確にした上で適切な緑化技術をもとに樹林を再現することが求められます。例えば、今回の被害状況を見ると、海岸部の低湿地ではアカマツなどの浅根性の植物が根こそぎ倒されました[**写真1**]。また、地震が発生し、津波が襲来する間（三陸地方では10〜20分程度で第1波が到達したと考えられている[5]）の揺れにより海岸部の低湿地では地盤が軟弱化して、樹木の支持力が低下した可能性が示唆されています[6]。一方、気仙沼市における調査では、岩盤に根を張った実生由来と考えられるケヤキなどの落葉樹が比較的多く残存していることが確認されている[**写真2**]ことから、植栽基盤の物理性の確保と発根を促すために深根性の樹種を選択し、苗木による植栽が求められます。また、自然の自己回復力を引き出し、本来の自然を取り戻すことができるように、地域性種苗を導入し、植生遷移や植物の種子散布形態を踏まえた中長期的な視点を持った緑地整備が求められます。

今後の展開

以上の内容を具体化するには課題もあります。

一つには、当該土地利用の機能や景観を、静態的、単一的なものではなく、動態的（土地利用の変更ではない）、複合的なものとして認識する必要があります。これは撹乱（津波）を受け入れる際の大前提であり、当該の土地について、平常時だけでなく、津波の襲来・浸水時の空間機能や景観も想定して土地利用を行う必要があることを意味します。特にそのような必要性が高い土地については、積極的、生産的な土地の利用を終結させ、放置または粗放な管理を許容する土地に転換していくことが望まれます。

そこで、大規模な人的被害、地盤沈下や湛水の被害を受けた土地の再生を促す（自然に還す）ほとんど唯一とも言える有効な手段（土地利用のターミネーター）となるのが公園緑地と言えます。津波の減衰や湛水機能を考慮した公園緑地への土地利用転換に際しては、都市施設、人工公物としての整備というより、水域とそれに接する陸地を一体的にとらえ、自然公物として保全または再生していくという視点がより重要になるのではないでしょうか。

とはいえ、公物化による対処には財政的、実効的に限界もあるため、民有地にも津波の減衰・湛水機能が期待されます。そのような役割が特に期待されるのは、海岸後背の樹林地や農地です。また、宅地についても、例えば浸水予想区域にある事業所等は、災害時の一次避難施設としても機能する土地利用であるべきです。欧米では近年、グリーンインフラストラクチャーと称して、生態学的なプロセスに立脚した多面的な機能・サービスを担う緑地ネットワークの計画・事業が基礎自治体レベルで進みつつあります。気候変動への順応、都市型洪水の緩和、健康・福祉、生物生産、不動産価値の向上、投資促進といった、社会・経済的な恩恵もねらった横断的な取り組みとなっています。このような恩恵をもたらす既存の土地利用・施設の潜在力を見出し、あるいは付加することによってソフトなインフラの構築を目指すという手法が特徴的と言えます。また、庭園や農地、樹林等々、民有の緑空間を大々的に含み、多分に土地利用レベルの制御を要する取り組みとなっていることも示唆的です。このように、公物のみに依らず、民有の緑空間を含んだ、土地利用としてのインフラを戦略的に位置づけていくことは、生圏のレジリエンスを高めていく際に、より重要となる考え方と言えるでしょう。

ところで、民有地をしてグリーンインフラとしての機能を恒常的に維持していくには、先述したように、土地利用の制御が必要になります。そこでは、地域制の手法が基本となるでしょう。一次産業を中心とする生産機能に加え、津波の減衰・湛水機能を複合した都市型の地域制公園のような制度設計が求められると考えられます。

●参考文献

1 武内和彦(2011):ランドスケープの再生を通じた震災復興:ランドスケープ研究 75(3),214-215
2 気仙沼市(2011):気仙沼市震災復興計画
3 土木学会東日本大震災特別委員会(2011):津波特定テーマ委員会第1回〜第3回資料
4 木下剛・高橋靖一郎・石川初・菅博嗣・八色宏昌・大高隆・中谷礼二(2011):東日本大震災復興支援緊急調査報告 生存・生業・生活を支えるランドスケープの再生:宮城県気仙沼市:ランドスケープ研究 75(3),214-215
5 一般財団法人日本気象協会(2011):平成23年(2011年)東北地方太平洋沖地震津波の概要(速報):http://www.jwa.or.jp/static/topics/20110329/touhokujishin110329.pdf,pp8
6 宮城豊彦(2011):宮城県海岸林の成り立ちと津波被害からの復興:森林技術 835, 8-12

写真1（左）｜根こそぎ倒されたアカマツ（2011年5月　宮城県気仙沼市大島島内）
写真2（右）｜岩盤に根を張った実生由来と考えられるケヤキ（2011年9月　宮城県気仙沼市弁天町）

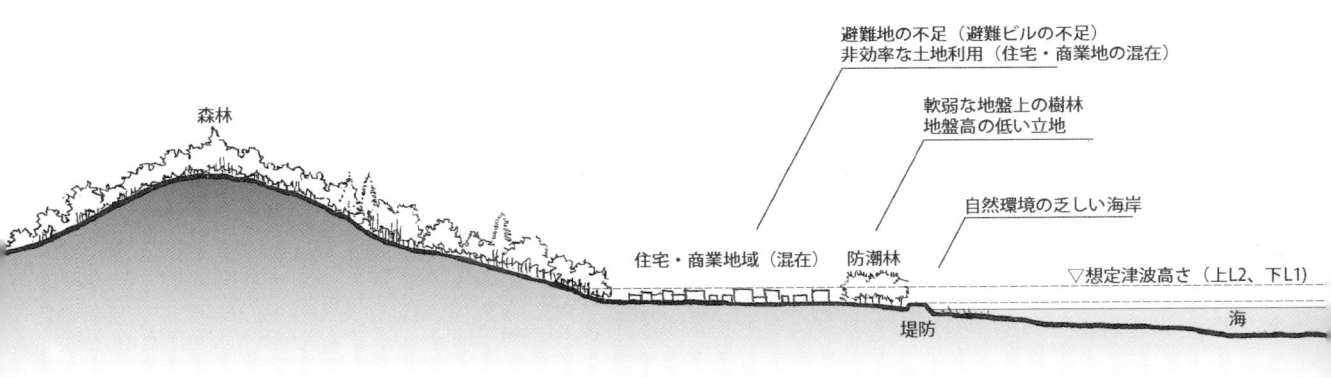

図1｜震災前の地域の断面イメージ

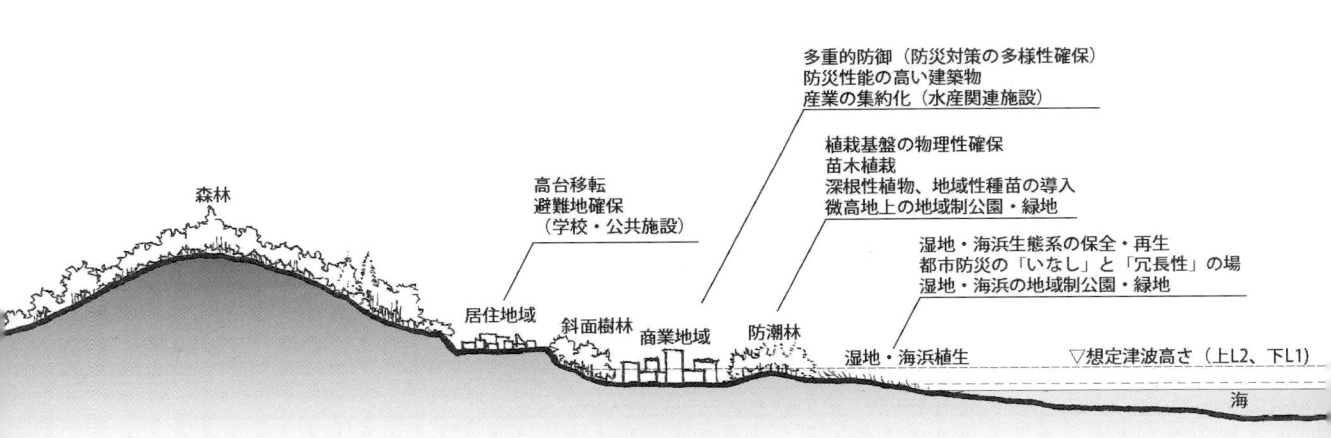

図2｜「いなし」や「冗長性」の機能をあわせ持つ
復興後の地域の断面イメージ

2-11 復興のランドフォーム

ガレキの分別と適正な素材の活用による
人工的なランドフォームの形成

復興のための
ランドフォームとは何か？

東日本大震災から一年が経過した平成24年3月時点で、被災地のガレキの処理は全体の10％に満たないとされています。巨大津波による壊滅的な被災により無数の種類のガレキの山が各地に点在します。これらは道路の盛土材として、あるいは、海岸の松林を再生させるための植栽基盤など様々な利用方法は想定されますが、木質系、コンクリート系、金属系、その他といった分別もほとんどされずにガレキが集積されています。ガレキの山もひとつの人工的なランドフォームとして考え、将来の街の復興のために役立てることができるのではないか、という視点で本節は進めていきます。そして、その復興のためのランドフォームをつくることとは、「将来像から今を振り返る」(バックキャスト)することで、生存と生業を両立させるための最適化された地面をかたちづくることを目的にするべきです。

復興のランドフォームの筋状の形態の長さやレイアウトを本節では「地相」という呼び方もします。「地相」は河川、尾根筋、谷筋などの自然地形である場合や堤、土手、道路、鉄道敷、護岸、ガレキの集積などの人工地形も含まれます。古地図からの検証や、地元関係者のもつ生活観や土地のイメージなどの人文環境の把握からこれらは抽出され、その土地の将来像を暗示するものです。

これらの考えは、平成23年度社団法人日本造園学会関東支部学生デザインワークショップ「Emerging Ground」(以下、関東WS)、ならびに、同学会関東・関西・東北支部とランドスケープ7大学展共催の東日本大震災復興支援学生ワークショップ(以下、東北WS)の一部の成果に基づいています。両WSは、東日本大震災における復興計画の立案とともに、復興計画に係わるランドスケープデザインの役割を考えるテーマ設定で震災後の7月〜11月にかけて開催されました。著者は関東支部幹事として、これら二つのWSの企画・運営に携わり、学生チームの指導的立場(チューター)として、被災地現地を踏査し復興計画に関するアイデアを学生達とともに立案しました。

関東WSでは、「時空マトリクス」[図1]として全提案内容を時間軸と空間スケールの中で整理し、長期にわたる復興へのプロセスを射程した上で現在やるべきことをフォーカスするバックキャストの重要性を訴えました。

東北WSでは南三陸町を訪れた際に「地相」の存在に

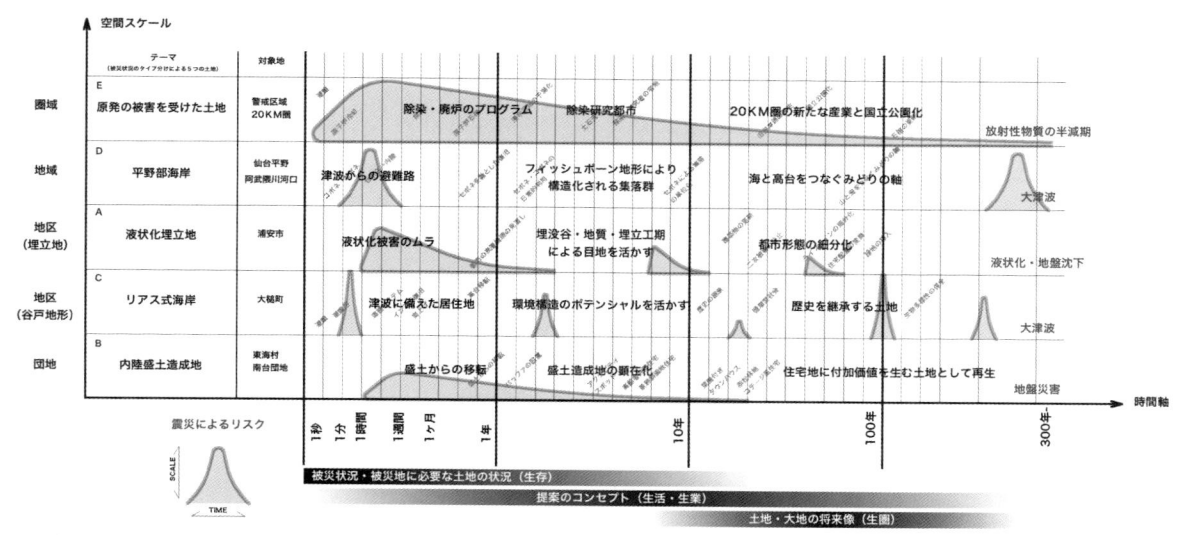

図1｜時空マトリクス
全チームのテーマ・対象地・提案内容の
時間軸と空間スケールにおける位置付け

気づきました。それは、手相に準えれば、生存を左右する「生命線」となる土地の標高や海が見える・見えない境界線、そして、生業の舞台の範囲を決定する「運命線」としての臨海地の海と浜の境界線のことです。被災前はそれらが堤防のラインに束ねられていましたが、巨大津波の浸水後に「生命線」と「運命線」の2本の筋にほぐされたと見ることができるのではないかということです。2本の筋の入り方や角度、標高は地域特性を表すものでもあります。被災地の復興計画においてこれら2本の筋の位置付けを行い、計画の補助線とすることで、巨大防災インフラを構築や集約型高台移転をしなくとも、最適化された街のランドフォームができるのではないでしょうか。長さ・角度によっては津波をいなします。また、高台からは人を導けます。そして、港町の生活の舞台である「浜」を見渡すことができるでしょう。

生存と生業のランドフォーム(将来像)と
バックキャストされるガレキの分別・適切な素材の活用

前述の「地相」はリアス式海岸の街で気づきましたが、異なる被災地域でも同様の観点から復興のランドフォームを考えられます。以下には、関東・東北WSの一部の提案内容(土地の将来像)とバックキャストされるガレキの有効な利用方法や放射性物質で汚染された土地における課題を紹介します。

1. 土手化する道路、そして街路へ(平野部海岸)

関東WSの平野部海岸の提案は分かりやすい検討事例として挙げることができます。仙台平野阿武隈川河口の避難のためのランドスケープ「ほねまち」の提案です[図2]。この提案では平野部の唯一の高台である東部道路と海岸の間に微高地をむすぶ東西軸に南北約1kmピッチで土手をつくります。東西軸は背骨に、南北方向に集落に伸びる動線は肋骨になるイメージです。これら集落群とフィッシュボーン地形が平野に展開していきます。避難路である盛土でできた「道路」は、地域の微高地をつなぐ尾根であります。結果として、集落内に浸透した土手は生活・生業に必要なランドフォーム、すなわち、「街路化」された「地相」として立ち現れることが期待されます。

2. 生命線と運命線の顕在化と
ガレキを利用する土手(リアス式海岸)

東北WSの南三陸町志津川地区の提案においては「生命線」と「運命線」にほぐされた土地における産業と共存する土地利用の最適化が提案されました。「生命線」は生存が担保される過去の最大規模の津波到達高さより上の標高20mラインを設定されます。このライン上には多くの

図2｜関東WS 平野部海岸
「ほねまち」ランドフォームの提案

●生命線——20m
今回の津波高15.87mや津波から現存する寺社や墓が等高線20mに多く存在することに着目した。等高線20m以上を一つの生存ラインとして捉える

●旧気仙沼線——6m
チリ地震程度の津波高の対策としての気仙沼線6mの盛り土は東日本大震災によりその高さから海の見える／見えないの境界線となる。

●運命線——0m
この線より海側では海のにおい、湿気などでより強く海を感じることができる。より海を感じることで津波を認識し多くの人の運命を分けた線である。

図3｜東北WS 志津川地区
3本のラインのコンセプト

社寺が立地しており、このことからも地域の記憶装置としての古建造物のあり方も見直されました。一方、「運命線」は旧護岸のラインよりセットバックした国道に設定されます。このラインより海側は地盤沈下が進行し、大潮の際には一部浸水してしまいますが、国道からは海が見えるとともに潮の香りを感じることができます。「運命線」から山側を走るJR気仙沼線の標高5～6mの土手までを水産加工工場の集積するエリアとしています［図3］。

鉄道敷の土手からは臨海部に集積されたガレキの山を利用する盛土で襞状のランドフォームを形成し、水産加工工場への通勤路であると同時に非常時の避難ルートとします。「運命線」より海側の地盤が沈降したエリアは現在より大きな港として再開発を施し、港町としての活性化を図ります。撤退や縮小ばかりではない三陸の海洋資源の豊かさを体現する生存と生業のためのランドフォームの提案です［図4］。

3. 顕在化するランドフォームと砂（臨海部液状化埋立地）

関東WSの液状化被害が甚大であった浦安市の臨海埋立地における提案は沖積層化の埋没谷・地質・地下水位の分布の違いによる筋と現代の埋立後のフラットな地表面の重ね合わせによりマーブルケーキの断面のような「地相」を発見しました。この筋は、液状化被害の程度の差異を生む要因になっていると予測されるため、埋没谷上に土地利用のギャップを提案するものです。「地相」により都市機能を棲み分けさせ、非常時でも自律できる都市像を提案しました［図5・6］。

図4｜東北WS　志津川地区
「浜」を生活の舞台として再生するランドフォームの提案

液状化した埋立地においては、その支持層までの自由地盤とされる数mの表層土から大量の水と砂が吹き出す噴砂現象も顕著でした［写真1］。大量のシルト状の砂が、臨海部の土地に十数mの山をつくっています。埋立地においてはそこに積層された地質・地形という垂直性からは抗えません。植栽基盤やコンクリートなど、砂は多様な利用が可能ですが、海砂である場合は十分な洗浄をし、塩分を除いた上で利用される必要があります。

4. 汚染されたガレキ（原発の被害を受けた土地）

汚染されたガレキ、原発事故で放出された放射性物質は、現地のみならず、ガレキの受け入れ先にも大きな影響を及ぼしています。平成23年12月時点では、東京都は宮城県の一部の地域のガレキの処分を始めていますが、入念な放射線量の測定が繰り返されています。各地の受け入れもその懸念から滞っており、異例の事態となっています。何より、原子力発電所の廃炉までの工程が、大量の汚染されたガレキや土壌を生むことになります。完全な浄化には数百年～数万年スケールの時間軸が想定されます。また、処理施設のための広範な地域の協力が必要となります。関東WSの「原発の被害を受けた土地」では警戒区域20Km圏において除染作業について表土を「剥ぐ」ことから「流す」にシフトして、河川流域を活用した放射性物質の流下を加速させるランドフォームの提案をしました［図7］。稚拙なアイデアではありますが、これは、ランドフォームの効用のあらたな側面を示しています。

風景化するランドフォームへ

ガレキの処理は喫緊の課題であるため、巨大津波による被災を受けたリアス式海岸の市町村ではガレキが集積された地区［写真2］を埋立て、公園化（復興記念公園化）される構想があります。結果、「浜」からの海への可視性は失われ、海岸沿いには「壁」としてのランドフォームが出現することが予想されます。海～浜～山への大地のグラデーションを描けない状態でのガレキの処理方法の即決はこれまで培ってきた景観を失う結果となります。沿岸部の土地は港町にとっては生活・生業の舞台であるため、単なる公園化などせずに、「地相」の構成要素（大地のグラデーション）の一部としての位置づけが必要です。道路や堤防など地域の制度としての施設の整備は復旧の過程でいち早く進みます。ガレキの処理もその中の一つともいえます。適切な分別は街の復興のためのランドフォームの形成に役立ちます。やがてそれらが生活の舞台として再生されるとき、新たに現れるべき大地の風景がそこにはあるはずです。

● 抽出された液状化が
　起こりやすい場所

● 都市基盤
　工期の堤防部分や護岸などの
　大きな都市表層構造物を抽出

● 地下水位
　地下水位が-0.5mの部分を抽出

● 地質
　地質と地質の境の部分を抽出

● 埋没谷
　被害が集中する-55mの
　コンターに目地を入れ、
　埋没谷の傾斜に
　合わせて抽出

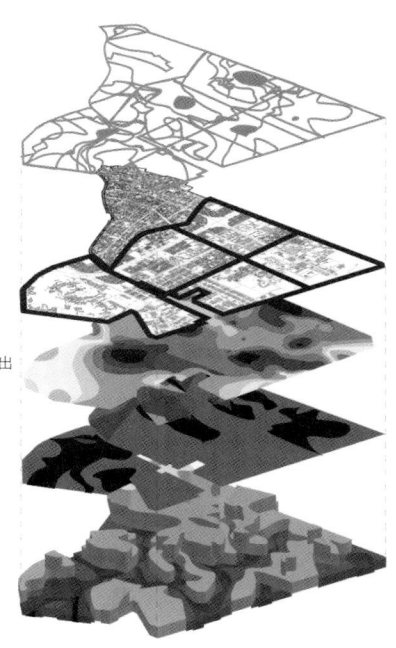

図5 | 関東WS 液状化埋立地
埋没谷・地質・地下水位などのオーバーレイ

今
垂直性を無視した現在の都市構造

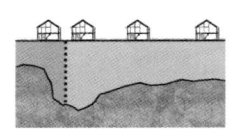

提案
垂直性を考慮し、境界にギャップをつくる

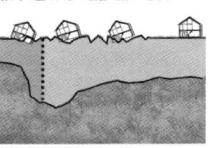

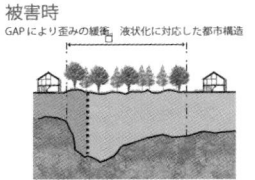

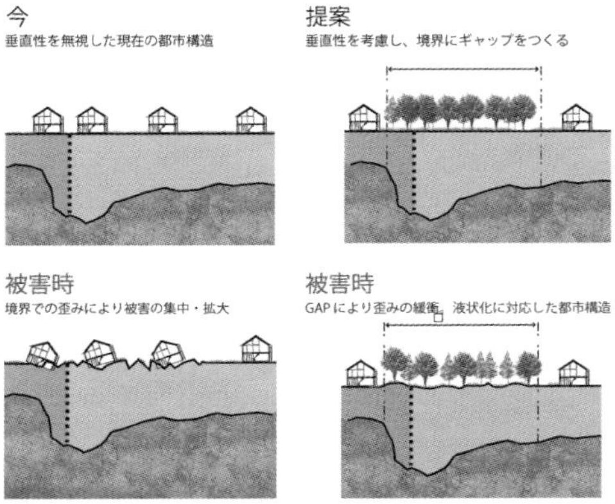

被害時
境界での歪みにより被害の集中・拡大

被害時
GAPにより歪みの緩和 液状化に対応した都市構造

図6 | 関東WS 液状化埋立地
土地利用のギャップを見いだす断面メカニズム

写真1 | 噴砂と人孔の抜け上がり
（浦安市、2011.05.04）筆者撮影

写真2 | 臨海部のガレキの集積
（南三陸町、2011.09.06）筆者撮影

— after 3.11 —

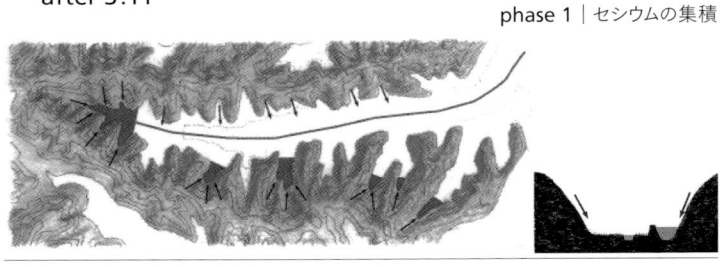

phase 1 | セシウムの集積

phase 2 | 溜池・ダムの決壊

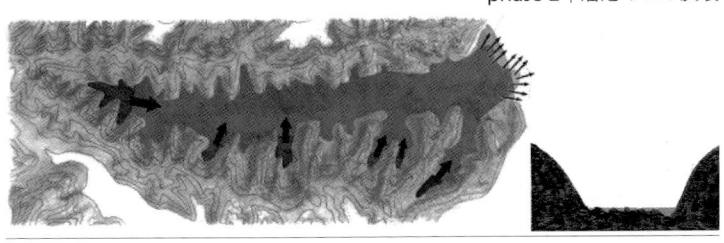

phase 3 | 谷戸から人が戻る

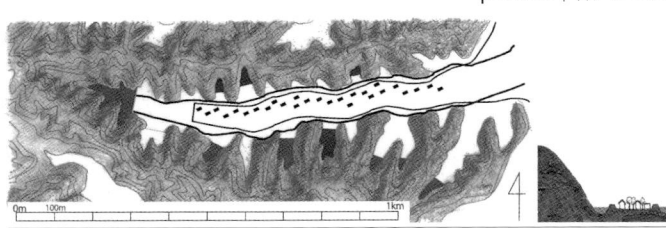

図7 | 関東WS 原発の被害を受けた土地
河川流域を活用した「流す」除染方法の提案

2-12　グリーンエンジニアリング

植栽基盤の整備と植栽技術による緑の再生

植物の生育に必要な植栽基盤の条件

植物が良好に生育するために必要な植栽基盤は、根が支障なく伸張できる充分な広がりと厚さがある土層のことで、下記のような物理性と化学性の条件を満たすものと定義されます。

【物理性】
- 透水性が良好であり植栽基盤下層との境界面で水が停滞しないこと。
- 適正な硬度であること。
- 適度な保水性があること

【化学性】
- 植物の生育を阻害する有害物質を含まないこと。
- 適正な酸度（pH）であること。
- 適度の養分を含むこと。

植栽基盤の整備では、現地の土壌が植栽基盤として求められる品質を満たしている場合にはその土壌を活用することができますが、満たしていない場合には、植栽基盤としての品質を満たすように土壌改良等を行うか、他の場所から土壌の搬入をすることが一般的に行われます。

しかしながら、今回の震災により甚大な被害を受けた沿岸部では、従来の植栽基盤整備手法だけでは対応しきれない状況も想定しておかねばならないため、地震、津波、放射線による植栽基盤への影響を洗い出し、復興に向けた、植栽基盤整備と植栽の考え方を整理しておきます。

地震と植栽基盤

地震による振動や地盤の移動によって樹木は容易に倒伏しないとされていますが、地表面の亀裂による植栽基盤の破壊、海岸部の埋立地では液状化による根系への影響や噴砂による植栽地表面の被覆が植物の生育条件を悪化させることになります。

また、法面の崩壊によって植栽基盤そのものが失われてしまうことも想定されますが、緑化だけによる対策では防止できないと思われるためここでは除外します。

地震に際して良好な植栽基盤整備は、根系の密度を上げることにより、地表面の亀裂をいくらかでも減少させることができ、緑地を避難場所としての安全性を確保することにつながると考えられます。植物の根系が十分発達している場合は、根による土粒子の緊縛効果で柔軟なマット状の構造が構成され地面を押さえることで地割れや噴砂の抑止効果があるとの報告もあります。

津波と植栽基盤

津波の被害を受けた地域の植栽基盤では、海水に覆われたことによる地表面の塩害、広範囲な地盤沈下による地下水位の相対的な上昇、場所によっては潮汐による植栽地の冠水といった問題があります。

地盤高が低く地下水位が高い場所では、樹木の根が地中深くに伸びることができず、土壌緊縛力が弱くなるため、根ごと倒伏している状況が見られました。

一方で太い下垂根が発達した樹木では、地表から1～2m程度の位置で幹が折れています。

10mを超えた今回のような大規模な津波に対しては、防潮林の効果はほとんどありませんでしたが、幅200mの防潮林は、浸水深さを50～60％、流速を40～60％に提言させる効果があるとされています。また、幅が狭い場合でも幹が折損しなければ漂流物の補足効果はあるとされています。

放射線と植栽基盤

原子力発電所の事故も植物に影響を与えています。植物の樹皮に付着したセシウムは洗浄でも落としにくいといわれ、自然減衰を待つことになり放射線の半減期としてセシウム137で30年と考えておく必要があるでしょう。

セシウムは表層5cm程度にとどまり固定されているため、地表から数十センチ以深にある樹木の吸収根からの吸収は少ないと思われます。

一方で、植栽基盤への影響として、放射線が付着した地表の落ち葉を分解する昆虫や土壌微生物、餌として取り込む土壌生物に放射線が蓄積されている可能性があり、森林総合研究所（茨城県）の調査によれば福島第1原発か

復興の風景像

【 植栽基盤とは 】

植物の根が支障なく伸長して、水分や養分を吸収することのできる条件を備え、ある程度以上の広がりがあり、植物を栽植するという目的に供せられる土層を植栽基盤と定義しています。

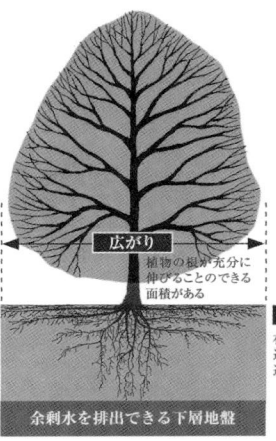

図1 | 植栽基盤のイメージ

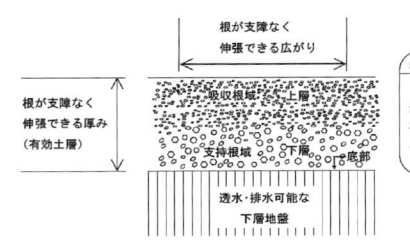

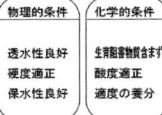

図2 | 植栽基盤の定義

写真1（上）|
地割れでも切断されていないサクラの根

写真2（下）|
マット状に発達した根系のイメージ

海岸林の倒伏状況
左 | 岩手県野田村
右 | 宮城県名取市閖上

写真3 |
津波による樹木の倒伏

陸前高田の高田松原の倒木に見られた2種の根系
左 | 杭根（ぐいね）により樹木全体の流出だけは免れた被災木
右 | 杭根（ぐいね）の見られない浅根の被災木

写真4 |
根の形態による折損と倒伏

左 | 海岸林に阻止された漁船
（宮城県気仙沼市）
右 | 海岸林にめり込む漁船
（岩手県岩泉市小本）

写真5 |
海岸林による漂流物の補足効果

ら約20Km離れた所に生息するミミズから、約2万ベクレル／Kgの放射性セシウムが検出されたと報道されました。これらの土壌や、放射性物質の付着した植物の剪定枝葉を原料として作られた堆肥等による土壌改良の影響については慎重に考えねばなりません。

震災復興と植栽基盤整備整備

東日本大震災復興構想会議の「復興への提言」にも示されたように、多くの復興基本計画では「高台移転」や「防災の丘」の造成が盛り込まれ、被災地域で発生したコンクリート系、木質系、津波堆積物など大量の災害廃棄物を活用した造成が想定されています。

そのためには大規模な造成を伴うこととなり、植栽予定地では植栽基盤整備を前提とした造成計画を策定しておく必要があります。

盛土材料として使用される廃棄物に含まれる有機質の分解発酵によるガスの発生、不同沈下も想定しておかねばなりません。

盛土造成地を植栽基盤として整備するために、植栽に適した大量の土壌をどのように確保するのかが大きな課題となりますが、周辺地域の表土をできる限り保全し、盛土造成後に植栽基盤材として活用することが望ましいでしょう。

周辺地域の表土を保全できれば、表土中に存在する地域由来の種子や土壌微生物を活用して、地域固有の植生回復や外来種による遺伝子撹乱を防止することができ、地域の生態系の復元や保全にも配慮することとなりますが、現実的には必要となる大量の表土の入手先及び仮置き場所と保全工法が課題となります。

表土を仮置きする際には盛土高さが3ｍを超えないようにするなど植栽用土壌として再利用するための配慮が必要となります。

また、表土保全に関しては、自治体等の基準もあるので確認が必要です。

高台移転地の切土造成で発生した土壌は表土だけでなく芯土も含まれることになり、場所によっては還元土壌などが含まれる可能性もあり、様々な土性が混入され搬入される土壌を、植栽基盤として適した状態に改良することが求められます。地形分類とそこで出現する土壌の問題点、望ましい植栽基盤の整備目標品質を考慮することが必要です。

植栽基盤整備の範囲は、将来12ｍ以上の高木になる部分では1.2ｍ以上が望ましいところですが、大量の土壌を確保することが困難である状況から、最低限確保すべき植栽基盤の有効土層厚を確保するとともに底面の排水性を確保することは必須となります。

「復興の基本方針」に掲げられている「森・里・海の連関を取り戻すための自然の再生」に適切な植栽基盤整備は欠かすことができません。

防災、減災を考慮した復興モデルが地域類型別に次の4つが示されています。それぞれのタイプごとに想定される植栽基盤としての課題と整備上の留意点を整理します。

表1｜復興タイプごとの植栽基盤の課題と整備上の留意点

復興タイプ	課題	留意点
高台移転1	切土面の土性	透水・排水
高台移転2	切土面の土性	透水・排水
かさ上げ	盛土材 人工地盤	硬度・透水・排水
海岸平野部	盛土材 塩害	除塩・地下水位・排水

緑化技術による緑の再生

太平洋沿岸部の広大な地域で白砂青松の美しい景観が津波により消滅してしまいました。

その風景を再生するためにも、植栽基盤整備とともに、海岸平野部の緑化が重要となります。

海岸植物の生育には潮風だけでなく寒風、常風が影響し、植栽地の地形や植物の大きさによって風の影響も違ってくるため、樹種選定、植栽方法の検討が必要です。

砂地では植栽基盤に必要な養分が不足していることから、肥料木を混植することも効果的でしょう。

植栽密度は将来3000本／ha程度を目標として、初期段階では10,000本／haを標準とし、密度管理としての間伐や外来種による在来植物駆逐防止の管理を継続的に行う必要があります。

● 参考文献
▶「東日本大震災からの復興に係る公園緑地整備の基本的考え方（中間報告）」／国土交通省／2011
▶ 東日本大震災による千葉県浦安市の地盤液状化被害と緑地に関する調査報告書（案）／日本緑化工学会／2011
▶ 復興への提言〜悲惨の中の希望〜／東日本大震災復興構想会議／2011
▶ 地震、津波と都市の緑／刈住昇／都市緑化技術／2012
▶ チェルノブイリ原発事故による土壌中放射能の物理・化学的性状とその移行性／Ｅ・Ｐ・ペトリャーエフ他／ベラルーシ国立大学
▶ 復旧、復古支援をサポートする造園技術、緑化技術の展開／輿水肇／ランドスケープ研究／2012
▶ 植栽基盤整備ハンドブック／日本造園建設業協会／2010
▶ 写真／野村徹郎

表2｜地形分類と予想される土壌の問題点

地形分類	想定される地質と地形区分	土壌の物理性						土壌の化学性				
		土性の偏り			土壌硬度	透水性	保水性	地下水位の影響	pH障害		塩類障害	養分含量	保肥力
		礫質	砂質	粘質					酸性	アルカリ性			
火山地		◎	◎	−	△	○	◎	−	◎	−	△	◎	◎
山地	岩石の風化土	◎	◎	−	○	○	◎	−	○	−	△	◎	◎
丘陵地	砂質堆積物	△	◎	−	○	◎	△	−	○	−	△	○	○
	粘質堆積物	−	−	◎	◎	△	○	○	○	−	△	○	△
台地	火山灰台地	−	−	△	△	○	○	−	◎	−	−	○	○
	砂質堆積物	△	◎	−	○	◎	△	−	○	−	△	○	○
	粘質堆積物	−	−	◎	◎	△	○	○	○	−	△	○	△
低地	扇状地	○	○	−	○	○	△	△	△	−	△	◎	○
	自然堤防	−	○	−	○	◎	△	△	△	−	△	○	○
	氾らん原	−	−	○	○	△	○	◎	△	−	△	○	○
	三角州	−	−	◎	◎	△	○	◎	△	−	△	○	△
海岸砂丘		−	◎	−	−	◎	−	−	−	○	◎	△	△
埋立地		○	○	○	◎	○	○	◎	−	○	◎	△	△

◎ 出現頻度が最も多く、その影響も大きい問題点
○ 出現頻度の多い問題点
△ 出現頻度の比較的少ない問題点
− 通常は出現することが少ない問題点

表3｜植栽基盤の整備範囲（有効土層厚）(cm)

樹高	下層排水層	上層	合計
12m以上	40	60	100
7m以上	20	60	80
7m未満	20	40	60
3m未満	20	30〜40	50〜60
芝・地被	10	20	30

表4｜植栽基盤の整備目標

項目	基準値	判定方法
透水性	30mm/h以上	長谷川式簡易現場透水試験機
土壌硬度	1.5〜4.0cm/drop	長谷川式土壌貫入計
pH	4.5〜7.5	水素イオン濃度
EC	0.1〜1.0dS/m	
腐植含量	3.0％以上	
全チッソ含量	0.1％以上	
還元土壌	含まない	

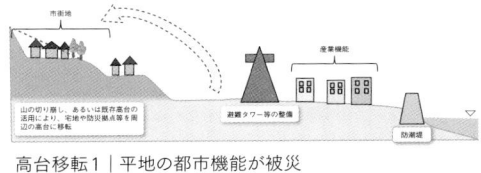

図3｜防災・減災のための復興モデルと植栽基盤整備

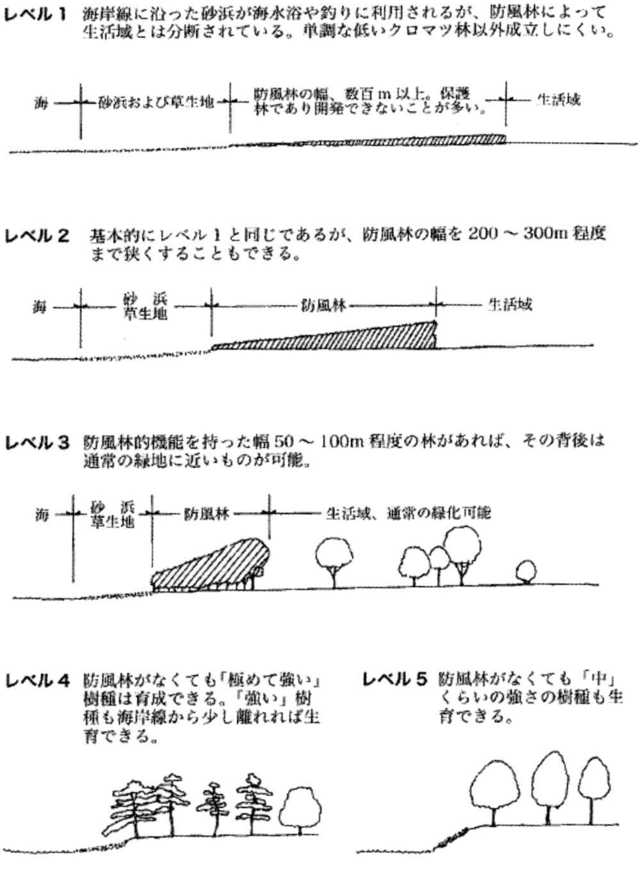

高台移転1｜平地の都市機能が被災
高台移転2｜平地の少ない地域 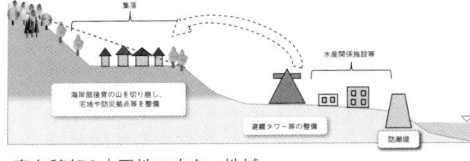
かさ上げ｜高台地域が被災を免れた地域 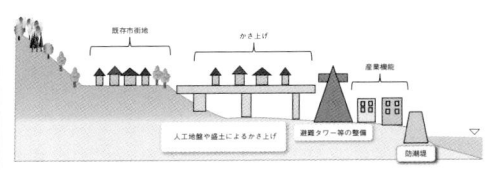
防潮堤（防災の丘）｜海岸平野部地域 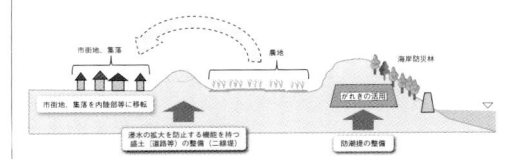

図4｜海浜地の環境圧レベルと緑地形態

レベル1 海岸線に沿った砂浜が海水浴や釣りに利用されるが、防風林によって生活域とは分断されている。単調な低いクロマツ林以外成立しにくい。

レベル2 基本的にレベル1と同じであるが、防風林の幅を200〜300m程度まで狭くすることもできる。

レベル3 防風林的機能を持った幅50〜100m程度の林があれば、その背後は通常の緑地に近いものが可能。

レベル4 防風林がなくても「極めて強い」樹種は育成できる。「強い」樹種も海岸線から少し離れれば生育できる。

レベル5 防風林がなくても「中」くらいの強さの樹種も生育できる。

2-13 デジタルアーカイブズ

復興を支援し、震災の記憶を未来に継承する
デジタルアーカイブズ

はじめに

2011年3月11日に発生した東日本大震災および福島第一原子力発電所事故は、インターネットインフラが整備されたのちに起きたはじめての大災害でした。

震災発生後、被害状況伝達や復興支援を目的として、政府、自治体、企業などによるWebを用いた情報配信がおこなわれましたが、いずれも個別の情報発信にとどまっており、各々のデータを関連付けて、俯瞰的に把握することは困難でした。さらに、特に海外のインターネットメディアにおいて、災害の状況を捉えた写真単体に注目が集まり、被写体どうしの地理的な関連性や文脈の把握を通した、複雑な震災「実相」に対する理解が生まれづらいという状況が生まれました。

著者らはこの状況に際し、これまでにナガサキ、ヒロシマ原爆のデジタルアーカイブズ構築にもちいてきた「多元的デジタルアーカイブズ」のデザイン手法を応用し、複数のデータソースを地図上で一元的に表示するマッシュアップ群を、オンライン／オフラインのコミュニティによる共同作業によって制作し、インターネット公開しました。この手法により、多面的な災害情報をわかりやすく伝える速報的コンテンツや、震災の実相に対する理解をうながし、記憶を未来に継承するアーカイブズを実現することができました。本稿では、著者らが作成したコンテンツ群の解説を通して、復興を支援し、震災の記憶を未来に継承するデジタルアーカイブズの構築手法について述べたいと思います。

多元的デジタルアーカイブズ

既存のデジタルアーカイブは、単独の展示施設等の資料のデジタル化と保管、その単独ユーザによる個別利用を前提にデザインされたものであるため、扱われている事象をより多面的・総合的に理解するきっかけが生まれにくいという弱点を持っています。

著者らは、既存のデジタルアーカイブの弱点を補う情報アーキテクチャ「多元的デジタルアーカイブズ」の成立要件を定義しました。さらにその要件を充たすシステム、ユーザインターフェイスのデザイン手法を考案し、これまでにナガサキ、ヒロシマ原爆などを題材とした多数のアーカイブズを制作してきました [図1]。

「多元的デジタルアーカイブズ」においては、個別のデジタルアーカイブ群の統合と、アーカイブズ構築に参画する（オンライン）コミュニティの形成が同時進行することにより、アーカイブされた事象に対する多面的・総合的な理解が促されるとともに、資料とアーカイブズに対する信頼性が高まり、社会的な永続性が保持されます。なお、「多元的デジタルアーカイブズ」についての詳細は、著者らによる論文 [○参考文献] を参照ください。

著者らは震災後の状況に際し、この「多元的デジタルアーカイブズ」のコンセプトを応用し、オンライン／オフラインのコミュニティによる共同作業を通して、複数のデータソースをオンライン地図上にマッシュアップしたコンテンツ群を制作し、公開しました。

図1 | 多元的デジタルアーカイブズの例「ヒロシマ・アーカイブ」

福島原発からの距離マップ

福島第一原子力発電所事故発生当日から翌日に掛けて、第一・第二原発周辺における避難と屋内退避が指示されました。指示内容は時間経過につれて変化し、該当する区域を正確に把握することが難しい状況でした。

著者らは、これらの情報をオンライン地図上で発信し、該当地域もしくは周辺地域のユーザに速報的に公開することを目的として、Googleマイマップを用いたマッシュアップを作成し、2011年3月12日に公開しました[図2]。制作は、Twitterユーザたちの協力を得て、すべてオンラインで進行しました。著者が通勤電車内において他ユーザにポリゴンデータ作成をツイートで依頼し、最初のバージョンが公開されるまでの所要時間は約4時間であり[図3]、震災後の同種のコンテンツのうち、もっとも早い情報公開でした。

このコンテンツの生成プロセスにおいては、制作と同時進行で、制作に関わったユーザコミュニティによる信用付けがなされることになりました。Twitterのユーザたちによって「信頼性の高いコンテンツ」として認知された結果、ツイートやリツイート経由で多数のアクセスが集まりました。震災発生翌日の公開後、3月15日までに約25万[PV]、3月17日までに約100万[PV]のアクセス。また、Googleマイマップ上で27[件]の評価と15[件]の好意的なコメントが寄せられました。

通行実績情報マッシュアップ

道路の開通状況は、被災者救援や震災復興のための物資輸送などを支援するために有用な情報です。本田技研工業とトヨタ自動車は、各社のナビゲーションサービスを利用するユーザから提供された前日の通行実績・渋滞実績情報のkmzデータを、それぞれ2011年3月12日、17日に公開しました（本稿執筆時点では公開終了）。

これらの通行実績データは、単体で閲覧するよりも、避難所の所在地や救援物資等の他の地理情報データと重層することにより、より有用なものとなります。そこで著者らは、Web上で提供されていた震災情報のkmlデータ群を通行実績情報と重層表示するマッシュアップを作成し、2011年3月14日に公開しました[図4]。

Twitterでの依頼に呼応して、避難所情報等のkmzデータが追加されていき、最終的に11のデータ群が重層表示されました[図5]。

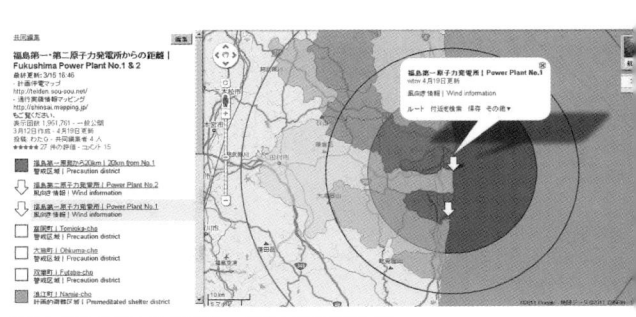

図2 ｜ 福島原発からの距離マップ（本稿執筆時点）

図3 ｜ Twitterユーザ@kokogikoによる報告

図4 ｜ 通行実績情報マッシュアップ

図5 ｜ Twitterで寄せられた要望と対応

図6 ｜ 被災地三次元フォトオーバレイ

図7 | 収録されたフォトオーバレイの例

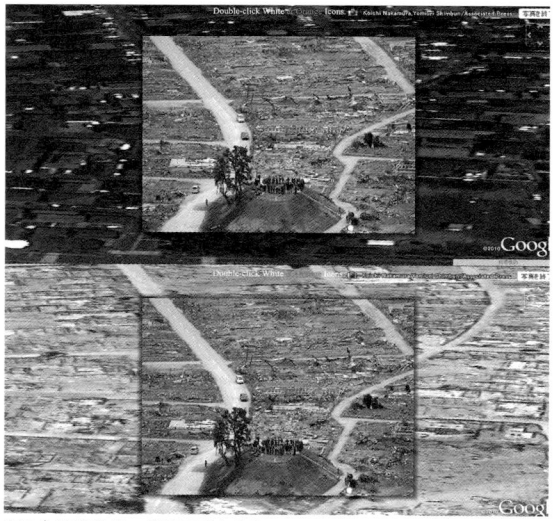

図8 | 被災前後の衛星画像切り換え

図9 | 被災地写真とストリートビューの比較

図10 | 360度パノラマ画像

被災地三次元フォトオーバレイ

　震災発生直後、海外のインターネットニュースサイトにおいて、被災写真特集が複数掲載されましたた。これらは国内のメディアに掲載されたものにはみられない強いメッセージ性を備え、被災地の悲惨な状況を伝えています。しかし、こうしたWebギャラリーでは写真単体に注目が集まりがちであり、被写体どうしの地理的な関連性や、被災前後の状況の変化の把握を通した、震災の「実相」に対する多面的・総合的な理解が生まれづらい。これは、震災に関する詳細な情報が伝わりづらい海外において特に顕著でした。著者らはこの弱点を補うため、複数の写真をGoogle Earthに三次元的に重層表示するマッシュアップを制作し、2011年3月25日に公開しました[図6]。全ての写真は以下の手順でマッピングしてカメラアングルを設定し、フォトオーバレイ化しました[図7]。

1……写真のクレジットから撮影地を推定し、大まかな場所にPlacemarkとしてマッピングする。写真内に店舗の看板等、場所を特定できるものが写っている場合は、Googleの位置検索を用いてマッピングする。

2……1の結果をPhotooverlayタグに置換後、映っている家屋の屋根、あるいは背景の地形などの三次元要素を被災前の衛星画像および地形と目測比較して、正確な撮影地点とカメラアングルを推定し、フォトオーバレイで重層表示する。

　このように写真の撮影地点とカメラアングルを推測して仮想的に再現することにより、災害の状況をより体感的に伝えることが可能になっています。また、被災前後の衛星

画像やストリートビューをチェックボックスで切り換え表示し、比較できるようにしました［図8, 9］。

公開当初は、インターネットニュースサイトに掲載された写真群のみを収録していましたが、

4月11日以降、宮城大学中田千彦研究室、二宮章氏、古橋大地氏、首都大学東京の大学院生有志から提供された被災地写真、360度パノラマ画像、そして被災者証言のバイノーラル録音データの収録も開始しました。このマッシュアップにより、個別に存在していた複数のデータを重ね合わせ、東日本大震災の「実相」に対する理解をうながすことができます。さらに12月10日以降は、被災後の時間経過を捉えた組写真のフォトオーバレイ化も開始しました［図12］。

このマッシュアップ公開後、本稿執筆時点までに世界中から133,372［PV］のアクセスがあったほか、国内外の多数のメディアで紹介記事が掲載されました。「福島原発からの距離マップ」、「通行実績情報マッシュアップ」と同様に、制作に関わったユーザのコミュニティによる信用付けが、コンテンツの信頼度の向上に寄与したものと考えられます。

また「被災地フォトオーバレイ」は、ヒロシマ・ナガサキのアーカイブズ同様に、悲劇の記憶を後世にながく伝えるためのコンテンツです。構築に参画する（オンライン）コミュニティの構成メンバーは日々増加しており、それに従ってコンテンツの充実度と信頼度も向上していく。その結果、アーカイブズに社会的な永続性が付与されていきます。オンラインコミュニティを通じて収録された資料の事例として、図13に村山嘉昭氏が撮影した「皆既月蝕と陸前高田の一本松」のフォトオーバレイを示します。

おわりに

「多元的デジタルアーカイブズ」のデザイン手法を応用することにより、多面的な災害情報をわかりやすく伝える速報的コンテンツや、震災の実相に対する理解をうながし、記憶を未来に継承するアーカイブズを実現することができました。災害の影響はいまだ色濃く、原発事故も収束したとはいいがたい現在、次なる大地震の発生可能性も取り沙汰されています。本稿で解説した手法についても、有事における活用に向け、さらに精度を高めていく予定です。

● 参考文献
渡邉英徳、坂田晃一、北原和也、鳥巣智行、大瀬良亮、阿久津由美、中丸由貴、草野史興；「"Nagasaki Archive": 事象の多面的・総合的な理解を促す多元的デジタルアーカイブズ」；日本バーチャルリアリティ学会論文誌第16巻第3号

図11｜被災者証言のバイノーラル録音データ

図12｜大槌町の被災直後、復旧過程の組写真

図13｜「皆既月蝕と陸前高田の一本松」

復興の風景像

chapter 3 持続可能な「生圏」のランドスケープを展望する

3-1 自然環境のモニタリング

震災により変化した自然環境の把握・観察と
その適切な再生支援

現場で気づかされたこと

　2011年4月、大船渡、陸前高田、仙台、岩沼を歩き、多くのコンクリート防潮堤の背面が洗掘され破壊されていることに圧倒されましたが、幹折れ、根返りしつつも波力減殺に頑張っている海岸松林の姿が印象的でした。元々海岸砂地に発達した日本の海岸林の多くが、強風防止、飛砂防止、潮害防止のために造成されましたが[1]、現場では車や船舶などの漂流物を捕捉し津波被害を軽減させていました。また高台の城址や寺社は避難場所として機能し、高田城址の本丸公園には震災当時約60～70名の市民が一次避難していたと言われています。「地震があったら高所へ集まれ」という先人の教えが生かされたように、高く堅固な垂直面のコンクリート堤防で自然を制する思想ではなく、ハードとソフトをもち合わせた「減災」こそが、復興の鍵ではないかと思えました。

　1933年の昭和三陸津波の際、津波の陸上での加害作用は弾性的なものは剛性的なものに比べて小さく、曲面は平面に比べて小さく、傾斜面は垂直面より小さい、と報告されています[2]。さらにその報告書のなかで本多静六博士は被災した三陸地域をつぶさに現場踏査し、津波に対する防潮林や屋敷林の効果を検証しつつ、地域の地形条件、土地利用条件に適応した6タイプの防潮林の造成計画案を提案しています。今回の震災においても町医者が患者を診察するためにカルテを作成するように、被災された地域の過去の記憶を調査、記録し、地域の自然環境をモニタリングしていくことが重要に思えます。

　造園学者マックハーグ（IAN L.Mcharg）博士は、名著『Design with Nature』(1969) の「Sea and Survival（海と安全）」の節で、ハリケーンによる高波被害を受けたニュー・ジャージーの海岸に対し、砂丘の自然環境のモニタリングに基づいて地域の生態学的分析を踏まえた地域生態計画を提案しています[3]。どこでも同じ一律の復興風景ではなく、その場所にちょうど適する、「ぴったりの風景」への価値意識の高まりを思うなら、地域の自然環境と土地利用の時系列に沿ったモニタリング成果をレイヤ化・オーバーレイして分析・診断し、地域に適応・調和した計画を立案するエコロジカルプランニング Ecological Planning は、復興に向けた再生支援の有効な手立ての一つとして、今なおその輝きを失っていないと考えられます。

　以下、震災前後に何度か訪れていた大船渡・陸前高田市の気仙地方を事例に、震災によって変化した自然環境の把握・観察と適切な再生支援のためのモニタリングのあり方について検討したいと思います。

震災前後の自然環境を診断する

　気仙地方の沿岸部では津波によって防潮堤、海岸松林や砂浜の多くが消失し、地形は大きく改変されました。地盤沈下し、標高0m以下となった地域も多く、陸前高田の沿岸部の震災前後の地形を重ね合わせてみると[図1]、松原の後背地にある古川沼と海とがつながり、破壊を免れた防潮堤の前面の砂浜のみが残っています。津波の規模の違いはありますが、かつてチリ地震津波（1960）においても流入した津波の高波と強い引き潮により、今回同様の被災状況であったことが診断できます[図2] [4-9]。

　今回の平成三陸大津波（2011）、チリ地震津波（1960）、昭和8年三陸大津波（1933）、明治29年三陸大津波（1896）の浸水地域をトレースしてみると、いずれも古川沼南東部から北西方向に浸水域が拡大していることが確認できます[図3]。4度とも津波浸水した古川沼周辺は、防災上重要な地域と考えられ、元々どのようなプロセスを経て砂浜と古川沼が形成されてきたのか、今後どのように変化していくか、今後の再生計画を考える上で自然生態系のプロセスをモニタリングし、メカニズムを把握していくことが重要であると考えられます。

　陸前高田平野の地形、地質や潮流、水環境を調べてみると、千田らによる陸前高田平野の微地形分類図[図4] [12]から平野部には気仙川から派生して延びる旧河道が多数みられ地名や立地形状から直接古川沼に注いでいたと考えられます[11]。また地質調査[図5]の結果から、下層から順に基底礫層（上面約-30m）、海成の貝殻片を含む下部砂層（上面約-20m）、内湾の堆積物を含む中部泥層（上面

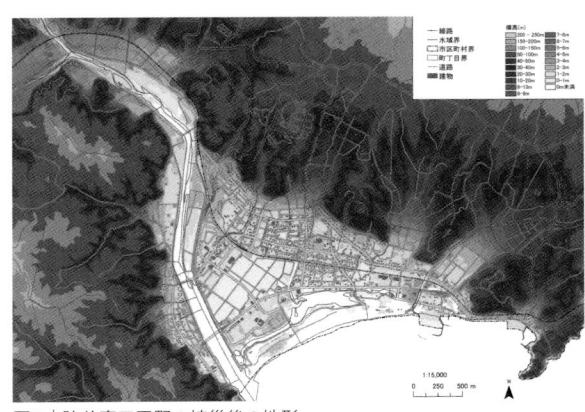

復興の風景像　　　　　　　　　　　　　　　　　　　　自然環境のモニタリング　3-1　　　095

図1｜陸前髙田平野の被災後の地形
（株式会社プレック研究所作成）

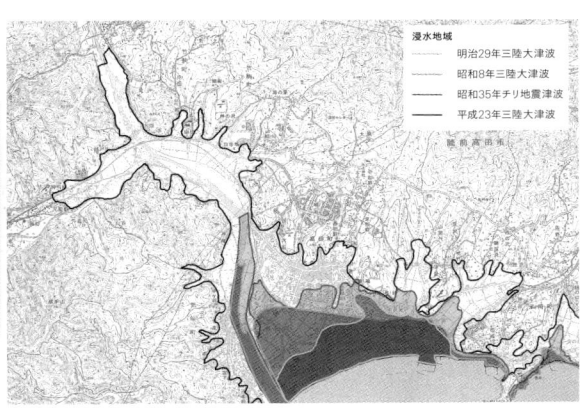

図2｜陸前髙田平野の津波浸水地域（平成、チリ、昭和、明治）

写真1・2｜津波前，**写真3・4**｜津波後，**写真5・6**｜チリ地震津波後

写真クレジット／ 1…渡辺雅史氏　2…東海新報社　3…渡辺雅史氏
4…村田友裕氏　5…チリ地震津波記念三陸津波誌　6…チリ地震津波災害復興誌

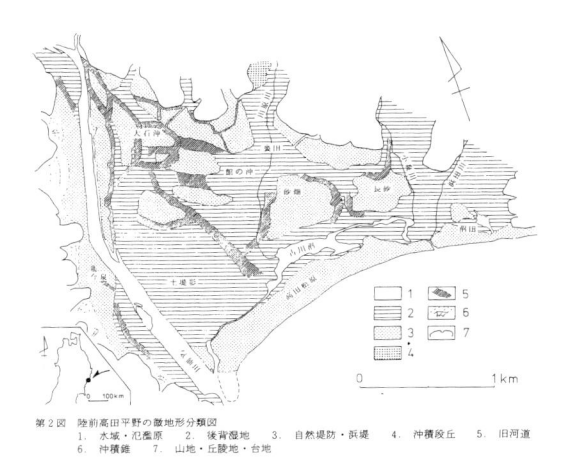

第2図　陸前高田平野の微地形分類図
1. 水域・氾濫原　2. 後背湿地　3. 自然堤防・浜堤　4. 沖積段丘　5. 旧河道
6. 沖積錐　7. 山地・丘陵地・台地

第4図　陸前高田平野の沖積層の東西断面
a. 盛土　b. 有機質シルト～粘土　c. シルト　d. 砂　e. 礫　f. 角礫
g. 火山灰　h. 貝化石　i. C-14 年代測定位置　j. 沖積層の基底

図4｜陸前髙田平野の微地形図[12]

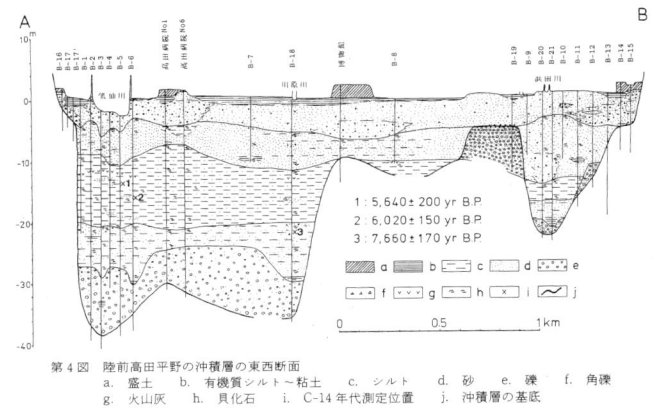

図5｜陸前髙田平野の地質断面図[12]

約−10m)、貝殻片を含む上部砂層(上面約−3m)、河床砂起源の堆積物を含む沖積陸成層に区部され[11][12]、川から運ばれてくる堆積物と海の潮流によって運ばれてくる堆積物でできた三角州平野であると診断できます。広田湾の潮流をみると[図6]、昇潮時は東方から西方へ流れ、落潮時には西方から東方へ流れることが報告されています[11]。高田松原に限らず他の白砂青松の立地環境を調べてみると[表1]、いずれの砂浜も岬や半島の付け根の湾奥部に位置し河川に隣接もしくは近接した立地環境であることから、気仙川が運んだ土砂が広田湾の潮流の変動によって堆積して弓形の砂浜と潟湖(ラグーン)としての古川沼が形成されたと考えられます。

チリ地震津波後、津波対策事業として第一線堤(高さ3m、明治41年整備されたものがチリ地震津波で損壊)、第二線堤(高さ5.5m)の2つの防潮堤(昭和41年完成)、川原川河口水門(昭和43年完成)が築造されました。しかし堤防整備途中の昭和40年代頃より生活排水の流入と潮の干満による水流の停滞等の要因により、清澄であった古川沼の水質は、富栄養化、ヘドロ発生など悪化が進みました[11]。今回津波により古川沼と海とはつながりましたが、潟湖(ラグーン)として形成されてきた地歴から鑑みて海とのつながりを保つことは海岸の生態系上で重要ではないかと考えられ、今後長期的な水環境のモニタリングが必要と思われます。

一方、砂浜や砂丘の形成やその形状には気温・海水温・風向が大きく影響していると考えられます。陸前高田市消防署の調べによる気温と広田半島地先の海水温度[図7][11]は、5〜8月は海水温度が気温よりも低く、9〜4月は海水温度が気温よりも高く、特に11〜2月は最高気温よりも高くなっていることが確認できます。海陸風の形成理論として、昼間は陸地の温度が海面よりも高くなり、陸地で空気が上昇し、その空気が海上で下降して、地表では海から陸に向かう風が吹きます(海風)。夜間は、逆に海面温度が陸地の温度より高くなり、海上で空気が上昇し、その空気が陸地で下降し、地表では陸から海に向かう風が吹きます(陸風)。この海陸風の現象と同様に、季節風では、夏季は、大陸が海洋に比べて高温となり、上昇気流が発生し海洋から大陸に向かう風が多くなり、逆に冬季は、大陸が海洋に比べて低温となり、大陸に寒冷高気圧が形成されるため大陸から海洋に向かう風が多くなります。大船渡気象台における月別風向頻度(2006〜2010年平均)を調べたところ[図8]、5〜8月の夏期は南南東の風が多く、9〜4月の秋から冬、早春は北西・北北西の風が多く、はっきり二方向に分かれていることが確認できます。砂丘の形成と形状は風向だけでなく砂の大きさや水分量、供給量も関係しますが、砂丘の形としてよく知られているバルハン砂丘[図9]は風上側の斜面は緩やかで裾のほうでは5〜10°、頂上付近で10〜15°、風下側の斜面は30〜35°といわれています[13]。この断面形状は、普段砂浜で波に洗われている二枚貝の緩やかなカーブのフォルム(頂上付近で約10〜15°)と類似しています[図10]。今回の津波で破壊を免れた防潮堤の多くが緩傾斜式であったことが指摘されていますが、津波被害を免れ避難場所にもなった仙台市にある海岸公園冒険広場は縦幅約200m、横幅約50m、標高15.89mと海岸側が高くなった丘陵型の土堤となっており、その断面もまた頂上付近で約10°の緩やかな斜面でした[図11]。遠州灘では明治中期に地元住民たちによって、強い風の力をまともに受けるように直角にするのではなく、斜めに受け流す独特の砂丘造成技術の人工斜砂丘[図12]が考案されています[14]。自然環境のモニタリングは被災環境だけではなく、自然が作り出した形状や環境に適応してきた生き物の形態、自然と共に生きる先人の知恵などにも多くのヒントがあるように思われます。

仮防潮堤の工事が進行する中、現地では潮流によって少しずつ砂浜が復活してきています[図13]。今後の再生にむけて、気象(風や気温)調査、海水温調査、水質調査、バルーン空撮やレベルによる砂浜の微地形調査、植物調査等の定期的な自然環境のモニタリングは、シーフロントエリアとしての自然環境に適応した環境共生型「減災」のコンセプトプランを提案する上で重要であると考えます。

● 参考・引用文献
1 近田文弘:日本の海岸林の現状と機能 海岸林学会誌1(1)、2001
2 農林省山林局:三陸地方防潮林造成調査報告書、1934
3 Ian.L.マックハーグ:デザイン・ウィズ・ネーチャー、集文社、1994
4 気仙地区調査委員会:チリ地震津波記念三陸津波誌、1960
5 岩手県:チリ地震津波災害復興誌、1968
6 タクミ印刷有限会社:未来へ伝えたい陸前高田、2011
7 東海新報社:平成三陸大津波 空から見た爪痕、2011
8 村田プリントサービス:気仙の惨状、2011
9 本多文人:白砂青松の高田松原――津波を防いだ海岸松林 グリーン・エージ33(2)、27-31、2006-02
10 陸前高田市:陸前高田市津波防災マップ、1997
11 陸前高田市:陸前高田市史 第一・二・四・十巻
12 千田昇他:陸前高田平野の沖積層と完新世の海水準変化、東北地理 36-4、232-239、1984
13 竹内清秀:風の気象学、東京大学出版会、122-130、1997
14 御前崎町:御前崎市史、資料編、1991
15 佐々木松男・陸前高田ロータリークラブ・高田松原を守る会:高田松原ものがたり――消えた高田松原――

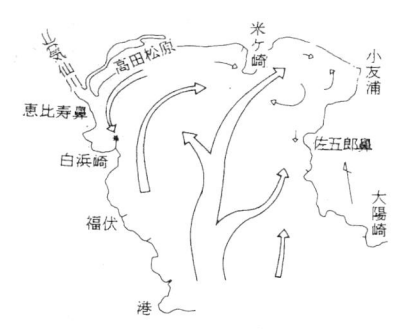

表1 | 海岸松原の立地環境（国指定文化財 史跡名勝 海岸松原 一覧）

名称	都道府県	文化財種類	種別	川	湾・灘	岬・半島
高田松原	岩手県	史跡名勝記念物	名勝	気仙川	広田湾	広田半島
気比の松原	福井県	史跡名勝記念物	名勝	笙ノ川	敦賀湾	敦賀半島
三保松原	静岡県	史跡名勝記念物	名勝	安倍川	駿河湾	三保半島
慶野松原	兵庫県	史跡名勝記念物	名勝	三原川	播磨灘	雁子岬
入野松原	高知県	史跡名勝記念物	名勝	四万十川 吹上川 蛎瀬川	土佐湾	井の岬
虹の松原	佐賀県	史跡名勝記念物	特別名勝	松浦川	唐津湾	東松浦半島

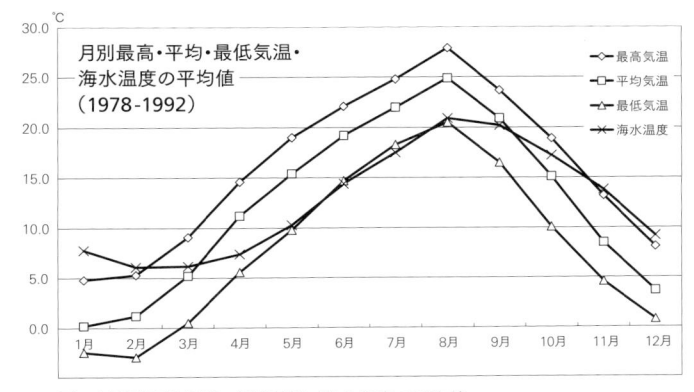

●広田湾昇潮時の潮流（1m層）

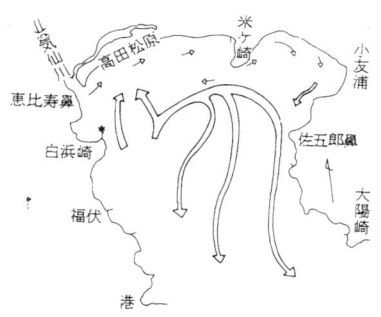

●広田湾落潮時の潮流（1m層）

図6 | 広田湾の潮流[11]

図7 | 月別最高・平均・最低気温、海水温度の平均値

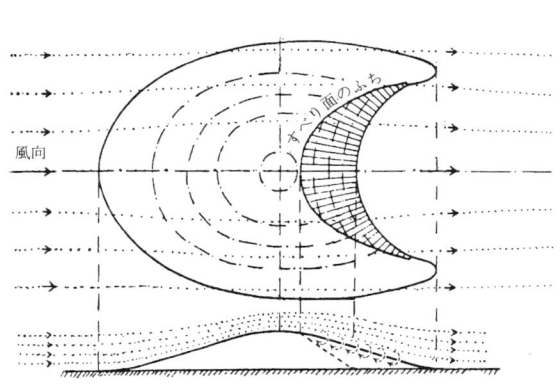

図9 | バルハン砂丘[13]

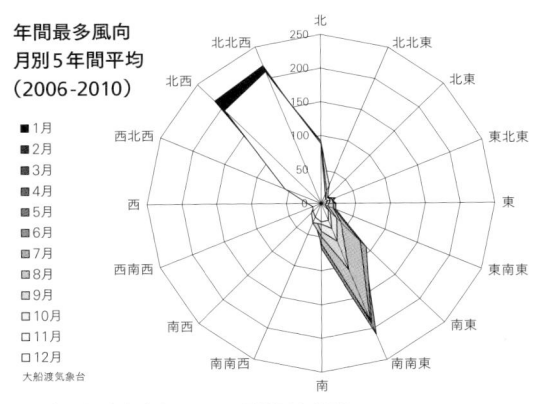

図8 | 大船渡気象台における月別風向頻度

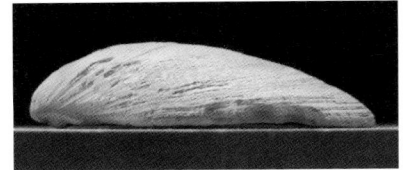

図10 | 髙田松原でみられた二枚貝の断面形状

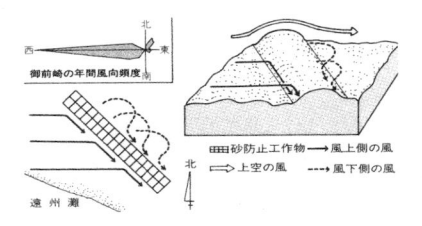

図12 | 人工斜砂丘の形成メカニズム[14]

図13 | 仮堤防とともに髙田松原の砂浜が回復（2011年12月）

図11 | 仙台市の海岸公園冒険広場 断面

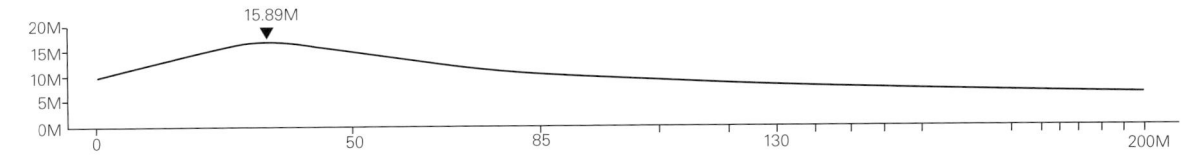

3-2 土地と景観のプロファイリング

文化的なインフラとしての土地情報の蓄積

　2011年4月30日夕方、我々は渡部靖之氏（（株）情報科学テクノシステム）と吉田貴樹氏（BIZWORKS（株））とともに岩手県大槌町赤浜にある東京大学大気海洋研究所国際沿岸海洋研究センターに向けて柏キャンパスを出発しました。被災地にGPS、デジタル一眼レフ、ICレコーダー、パノラマ写真撮影機材「GigaPan」、空中写真測量用無人ラジコンヘリ「UAV」を持ち込み、仮設の大槌町役場で定点撮影等の同意を得て、位置と時間情報を含む地表面高、高解像度写真、音声情報による景観記録を行ないました。2度目の5月15日には、新たにインターネットライブ音配信機材、Webカメラ、衛星ネットワーク設備を積み込み再度現地に向かい、センター屋上に全天候マイクを設置して、壊れた防波堤の波打ち際の波音を含む現地環境音を24時間配信する「大槌サウンドスケープ配信」を始めました。また初

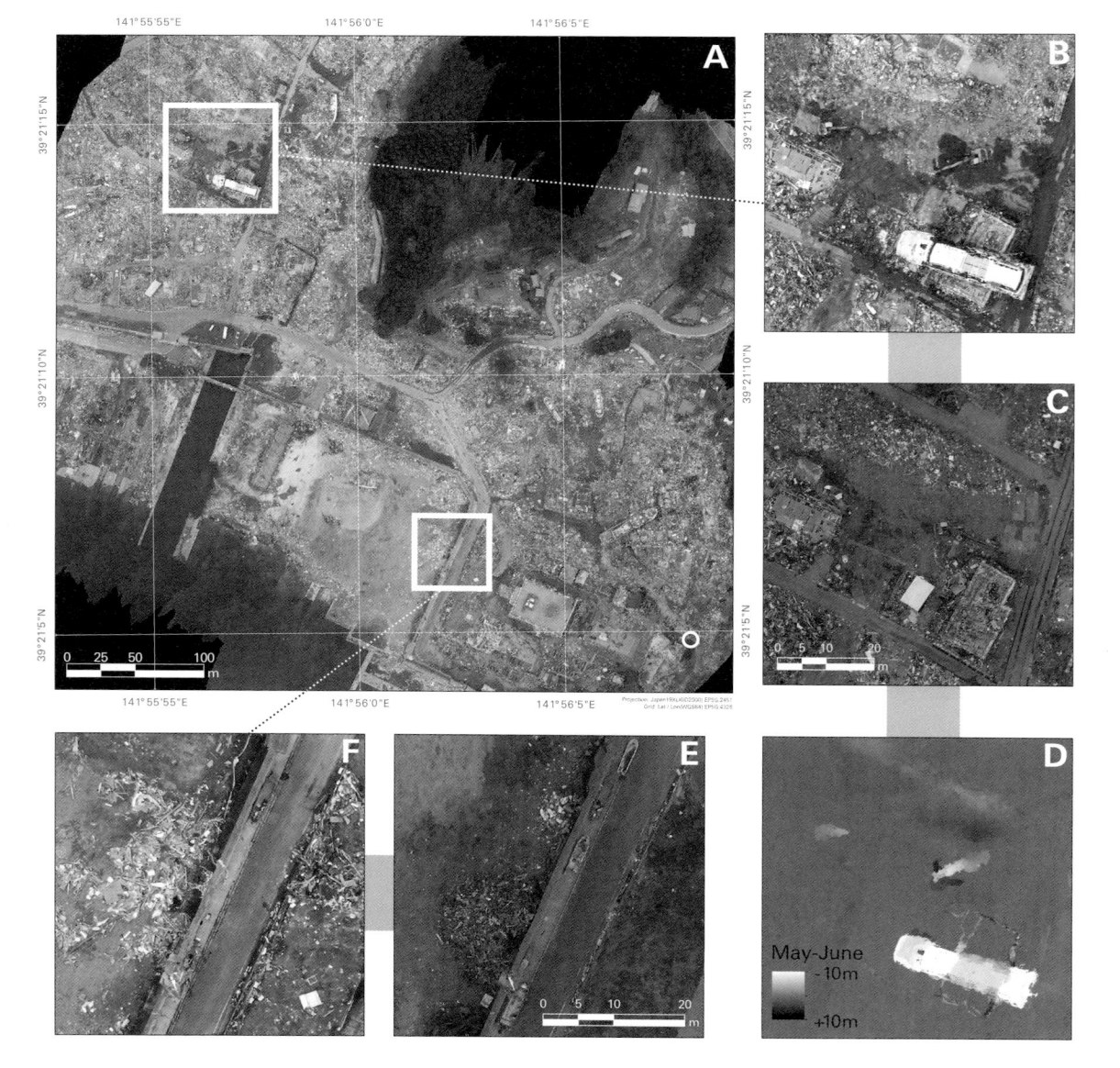

回と同一地点を含むパノラマ撮影も行ない、その後は継続的に大槌町、遠野市、釜石市に通ってこれらの定点を含む景観記録を進めています。そして11月にはネットワーク通信型気象観測装置を設置し観測記録も開始しました。

古橋は震災直後からクライシスマッピングプロジェクトとしてオープンストリートマップの被災地地図更新作業と危機的状況をマッピングするsinsai.infoの運営に携わり、被災地が必要とする地理空間情報の提供と情報の共有を行なってきました。しかし、震災直後は情報の粒度も質も異なる多くの情報が流通したものの、その後は質・量ともに低下したため、継続的な被災地の状況を高品質でアーカイブし、現地のニーズにあった形で共有するための仕組みが必要であると考えました。斎藤は2003年5月にセンターでの臨海実習に参加して現地を知っており、東日本大震災直後にセンターの学生教職員の安否が不明と聞いて心配ながらもメールやツイッターで情報交換を行ない、2週間ほどで全員無事と知って安堵しました。これを契機に、大槌町の現状景観記録と、長期にわたり継続的にサウンドスケープを含む景観を記録し情報共有する事で、被災地への意識を継続的に醸成できないかと考えました。

こうした思いから、被災地の今を記録し、配信し、それを継続的に蓄積するデジタル情報は、被災地での救援復興活動に関わる人々の状況把握と情報交換のインフラとなり、さらには遠隔の人々の被災地への意識を醸成する感性情報ともなるとの思いから、デジタルとインターネットよる「土地と景観のプロファイリング」を始めました。これらは直接的な支援や震災復興調査とは異なるアプローチですが、以下にその内容とデータについてご説明いたします。

DSM付き高解像度オルソ空中写真

無人ラジコンヘリ（UAV）は全長85cm程で通常のヘリコプターとは違い、ローターが左右に4基ずつ計8基が風切り音を立てながら高度百数十mを飛び上がります。本体中央に取り付けられたデジタルカメラは一般的なものですが、GPS付き慣性計測装置（IMU）による自律制御により予め設定された撮影コース上の撮影地点へ自動的に移動しては撮影を繰り返します。およそ半日の作業で約100枚弱のデジタル写真を撮り終えると、後処理として倒れこみの補正（オルソ補正）とつなぎあわせ（モザイク）処理を経て、空中写真地図画像となり、標高値も取得します。撮影高度が低いため地表の細かい瓦礫などを判読できる程の高解像度画像を記録できます。これまで2011年5、6月に撮影を行ない図1に示すように、細かい瓦礫まで判読しながら比較できる空中写真地図を記録しています。その状況なども図1で確認することができます。

高解像度パノラマ写真（GigaPan）

図2は定点撮影地点の一つ大槌町城山から津波被災した市街地を5月と11月に撮影した写真です。それぞれ1枚写真のように見えますがGigaPanを使い数十から百数十枚の写真を撮影しパノラマ写真に平面投影処理したもので、GigaPan社の専用ウェブページにアップロードしてネット上で誰もが見えるようにしています。使っているデジタルカメラはUAV同様一般的な機材です。この場所は大槌湾と大槌川を一望できる眺望地点で、避難所として利用された体育館や公民館があり、現在も各種の復興支援の拠点となっています。定期的に通って繰り返し撮影することで変化していく過程が記録されます。高解像度のパノラマ写真をインターネット上で共有すると撮影した本人が気づかなかった多くの情報を様々な閲覧者が最大解像度で部分拡大しながら読み取ることも出来ます。2011年11月『瓦礫が移動しただけで震災後から何も変わっていない』と現地の方の言葉を聞いたのですが、図2中の大槌川河口や市街地の比較でその様子を知ることができます。さらに図3は11月1日撮影のパノラマ写真で、センター西側の防波堤外の瓦礫置き場と住宅地の様子を切り出した写真です。この場所は図1A、Fに当たり、5、6月には瓦礫が無かった場所に瓦礫が移動した事を読み取ることができます。民生用のデジタルカメラを使っても高解像度高解像度の空中写真やパノラマ写真を記録しインターネットで共有すれば、景観の履歴を将来にわたって確実に残すことができることがわかります。

大槌サウンドスケープ配信

4月末にはじめて大槌町に入ったときの印象ですが、津波被災地の三陸海岸地帯は無人地帯となってしまい、身近な浜の様子を日々直接触れるこはもちろん見聞きする

図1｜UAVによる空中写真画像（A、B、C、E、F）と高さ変化抽出画像（D）
A…2011年5月1日撮影大槌赤浜地区。約100枚の撮影画像をつなぎあわせている。右上には瓦礫撤去中の重機、右下には漁船や車、そして左下は防波堤越しに造船所敷地／B…観光船「はまゆり」打ち上げ場所拡大（5月1日）／C…Bと同一部分の6月13日／D…B、Cと同一部分の高さ変化。白色＝減（はまゆり撤去、重機移動等）、黒色＝増（瓦礫が積み上がった）／E…6月13日堤防付近の瓦礫撤去状況／F…Eと同一部分の5月1日の状況
（画像CC BY-SA by 東京大学、（株）情報科学テクノシステム・BIZWORKS（株）、マップコンシェルジェ（株））

事さえもできなくなっていると感じました。そこで震災後の浜の環境・生態音をインターネットで24時間毎日ライブ配信しながら記録することにしました。そうすることで被災地への継続的な意識を繋ぐ役に立つだろうという漠然とした思いでした。また音の方が映像よりも自分自身の「浜」をイメージしやすく、浜の原風景を思い浮かべて心のよりどころにしやすいはずだとも思いました。被災者の方々は海辺から離れた避難所に逃れ、現在は仮設住宅へと移り生活していますが、ふとした拍子に浜の様子を懐かしく思ったり、気になったりする時に、テレビのように編集加工された浜ではなく、生のライブ音を聞いて自分なりに浜を感じ取る事で気持ちが安らぐのではないでしょうか。また支援者が被災地に思いを巡らす時に、遠隔の日々の浜辺の音を聞く事で、様々な思いで現地との繋がりが意識され、絆も深まり、

図2 │「城山」定点撮影地点パノラマ写真
上…2011年5月2日
下…11月1日 N39°21′33.4″ E141°55′13.0″
上詳細画像…http://gigapan.org/gigapans/78033
下詳細画像詳細画…http://gigapan.com/gigapans/91334
CC BY-SA by CyberForest, MAPconcierge

瓦礫の撤去作業の進捗が一目瞭然である。未解体の被災建物なども見える。この間、被災者は避難所から仮設住宅に移り住んで現在に至っている。この地点からの5月16、7、16日、6月13、23日、11月1日の6回撮影しており今後も継続していきます。
数十から百数十枚の写真を繋いだ高解像度写真なので、復興の履歴記録に適している。

図3 │ センター屋上から北西方向パノラマ写真部分（2011年11月1日）
http://gigapan.com/gigapans/91389
N39°21′5.4″ E141°56′3.7″ CC BY-SA by 東京大学

図中の左は図1F・E部分で5月に瓦礫は無かったが11月には瓦礫の山。『瓦礫が移動しただけ』の言葉にもうなづける

図4 | 大槌サウンドスケープ配信のステレオマイク、ウェブカメラ、気象観測装置（N39°21'5.0" E141°56'4.8"）

大槌湾と蓬莱島（ひょっこりひょうたん島）を望む東京大学大気・海洋研究所国際沿岸海洋研究センターの屋上に設置している。ライブ音は24時間 http://mp3s.nc.u-tokyo.ac.jp/OTSUCHI_CyberForest.mp3 で聞くことができます。また録音ファイル、ウェブカメラ画像も公開している。詳細は http://landscape.nenv.k.u-tokyo.ac.jp/cyberforest/Welcome.html

日が経つにつれて薄れるだろう被災地への気持ちも継続しやすくなるとの期待もあります。大槌湾とひょっこりひょうたん島を望むセンター屋上に設置したステレオマイク、ウェブカメラ、気象センサーが図4です。現地は5月以降に電気や水道が復旧したものの、ネットワークは未だに復旧しておらず、5月に設置した衛星ネットワークを利用してライブ配信を含むデータ通信運用を継続しています。

ライブ音は、波音や雨風の音のほかカモメやウミネコやトンビ、夜にはトラツグミ、6月下旬からのシュレーゲルアオガエルの鳴き声など様々な生態音も聞こえます。当初は瓦礫撤去作業の重機音が頻繁に聞こえていたのが、最近は早朝に漁船の音なども聞こえるようになり、現地の人々に暮らしが戻ってきたと感じ取ることができます。月命日の11日には町内放送が聞かれ、例えば8月11日14時過ぎの町内放送では、仮設住宅が完成したため全避難所が閉鎖し新たな暮らしへの宣言と黙祷サイレンを聞こえました。毎日6、12、18時の時報放送も再開され、お昼と土日には被災後に新たに収録されたひょっこりひょうたん島の曲も聞こえてきます。録音アーカイブにより日々変化が記録されていますが、単なる記録からサウンドスケープの記憶へと変化して行くように思います。

土地情報の蓄積から景観へ

震災以後の復興の様子を、地図情報として記録蓄積を進める際に、高解像度の空中写真記録では、写真地図でありながら小さな瓦礫が判別できる程に記録されます。同じく高解像度パノラマ写真による定点景観撮影を続けことで同様に仔細な景観が記録され、しかもこれらをインター

図5 | ウェブカメラのポジションNo1画像
左：2011年11月8日　右：12月17日
画像にマイクと気象センサーを写り込むようにする事で、音や気象データを現場で観測しているような感覚効果を高めている。11月8日仮設防波堤に土嚢設置作業、12月17日土嚢にシート掛け作業が記録されている。
ウェブカメラ画像公開URL　http://cyberforest.nenv.k.u-tokyo.ac.jp/otohama-image/

ネットで共有することで、現地の人々や、これに関わるより多くの人たちがそれぞれの利用目的に応じた情報収集に使える情報の基盤となります。さらにライブ音と気象データ、ウェブカメラ画像の24時間配信情報は日々刻々と変化するランドスケープの中核的情報となり、これらの記録データもウェブ配信することで、変化し続ける被災地の様子を知ることができます。空中写真地図と定点パノラマ撮影による土地と景観の復興記録情報は変遷記録として重要であると同時に、日々変化する生活における土地と景観に関するランドスケープ情報と組み合わされる事により、震災の記録が、被災地の人々や被災地に関わる多くの人々の心の中に消える事の無い記憶として、つまり記録から記憶へと紡がれていくのだと考えています。これからますます重要となる復興への支えとして、土地と景観のプロファイリングが文化的なインフラ（基盤情報）になると我々は考えて、今後も記録の蓄積と情報発信、そしてライブ配信を継続して行くつもりです。

● 関連URL
1　斎藤研究室震災関連ウェブサイト；http://landscape.nenv.k.u-tokyo.ac.jp/Sinsai.html
2　UAV；http://www.mapconcierge.jp/uav/akahama
3　GigaPan 2011 Tohoku earthquake and tsunami Group's Home；http://gigapan.com/groups/17
4　大槌サウンドスケープ（OTOHAMA）；http://twitter.com/#!/search/otohama

3-3 生活の基盤となる景観の再生

文化のはじまりとしての景観

文化が生む景観・文化を生む景観

　広域に及ぶ東日本大震災の被災地には、松島や高田松原に代表されるような名勝地も含まれていました。いうまでもなく、こうした名勝地は天然ないし人工の自然として美しいだけでなく、そこに歴史的に蓄積された評価によって文化的価値が定着した土地です。そうした景観を暮らしの再建と両立させながら再生することは大きな課題です。また一方で、仙台平野付近の屋敷林「イグネ」のような、人々の暮らしの積み重ねの中で形成・維持されてきた特徴ある生活空間が、津波に対して一定の防御性を持っていたこともうかがわれ、その機能や応用可能性の検証に加えて、生業・生活が育てた景観としての再生・維持に対する認識も高まっています。これはいわゆる「文化的景観」として近年関心が集められている対象の一例ともいえます。

　こうした文化と密接に関わる景観の価値の評価や保全は、豊かさを感じられる生活空間の実現に向け、今回の震災を経験する以前から着目されてきたテーマです。そして上記の「名勝」や「文化的景観」は、文化財というかたちでその土地だけでなく周辺の地域・地方、場合によれば国を代表するものとして認められる特別な価値ですので、その扱いはもちろん重要です。しかし、景観と文化の関係としては、こうした生活・文化によって形成されたいわば結果としての景観よりも基底的な、あらゆる土地において人々の景観体験が生活形式に組み込まれた様態、つまり結果ではなく生活・文化の成因・基盤をなす景観、いわば文化のはじまりとしての景観についてもきめ十分な配慮がもとめられると考えられます。今回の津波による被災地において、それは具体的には海への景観と人々の暮らしの問題を考えることになります。

海が見えること

　大津波の規模は驚くべきものでしたが、一方でその浸水域は事前の予測や過去の被災歴と概ね一致していました。つまり想定外などとは良くいわれましたが、津波が超えていたのは科学的予測ではなく、生活の中で想像しうるリアリティであったと思われます。このことが特に人的被害を最小限に防げなかったことの、直接ではなくとも背景的要因となった可能性は否定できず、そこには生活の糧でありかつ脅威でもある自然＝海との折り合い方の問題、すなわち海とのつながり（海への意識）が弱くなっていたのではないかという問題の提起が可能です。

　これをランドスケープ・景観の問題に引きつけてみると、日常における海に対する景観というものがどれだけ生活に組み込まれているかどうかが、海とのつながりの指標となると考えられます。特に漁業を営む人々にとって、海が見えることは直接生業に関わる条件といえるものですから、まさに海の景観というものが生活・文化の土台・基盤となっていることが予想されます。さらには海だけでなく、自らが住まい・働く土地の拡がりがどれだけ見えているかということも、そこに暮らすには重要なことではないかと考えられます。以下は岩手県宮古市をケースとしてこのことを検証してみた例です。

集落の立地と海の景観

　景観工学における「被視頻度（見られ頻度）」分析の手法を用いることで、ある個々の土地から周囲がどのくらい見えるかを網羅的に知ることができます。まずともかく景観の対象として海、特に漁場が陸地の各所からどれだけ見えるのかを数値地図上で計算してみました。さらにこの結果を、人間が実際に集住して暮らすということを考えて一定の土地傾斜度以下という条件でふるいをかけてみたものが図1です。市街地となっているところには海に接して一定の海の見える土地の集積があることがわかりますが、小集落をみると海から離れたところにも海の見える土地のまとまりが点在しており、これを部分的に詳しくみてみます。

　宮古湾の東側に位置する重茂半島付近は、三陸でも屈指の漁場に面し小さな漁業集落が点在しており、近年は養殖によるワカメなどを主たる水産物としてきました。養殖といってもあくまで天然の海が生産の場です。図2はその中の重茂漁港付近での解析結果です。海に面する集落が2ヵ所あり、いずれも大きく被災しましたが、それらに共通

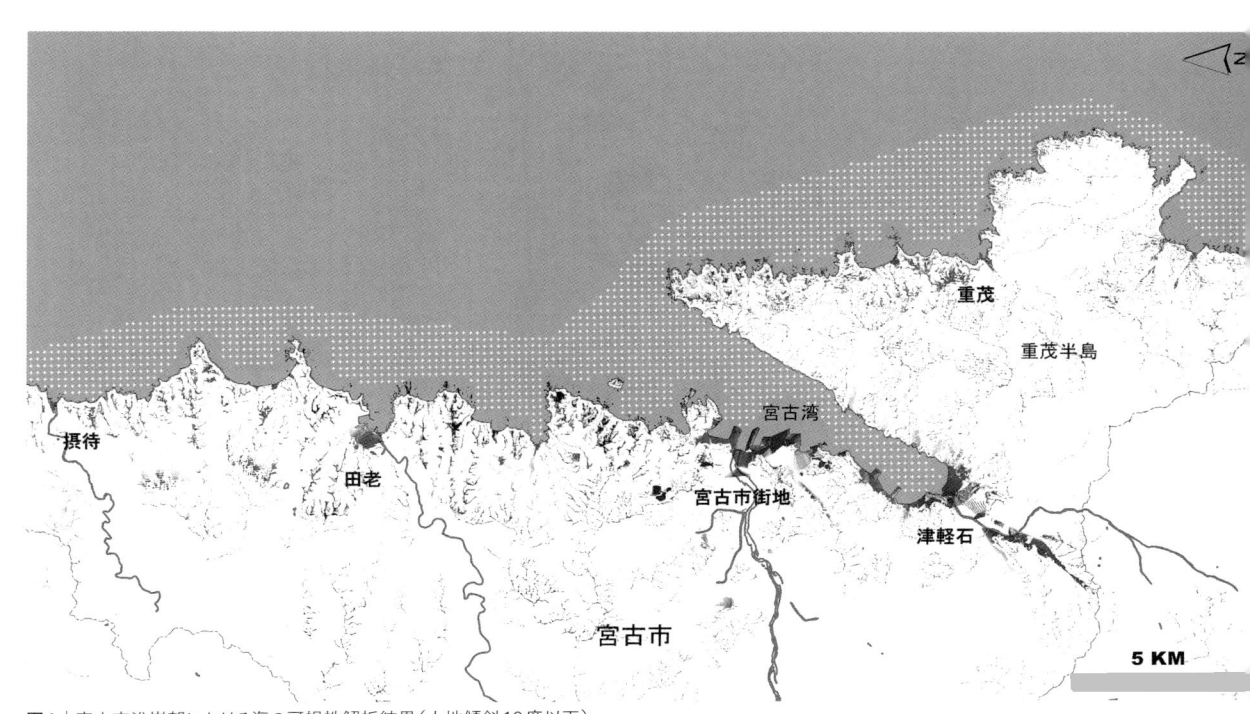

図1 | 宮古市沿岸部における海の可視性解析結果（土地傾斜10度以下）
傾斜10度以下の条件で陸地部における海（漁場：海上の白色点群は被視対象点）の見える度合いをグレー濃度で示す。
地形は国土地理院・基盤地図情報・数値地図10mを使用（本節の解析に共通）。

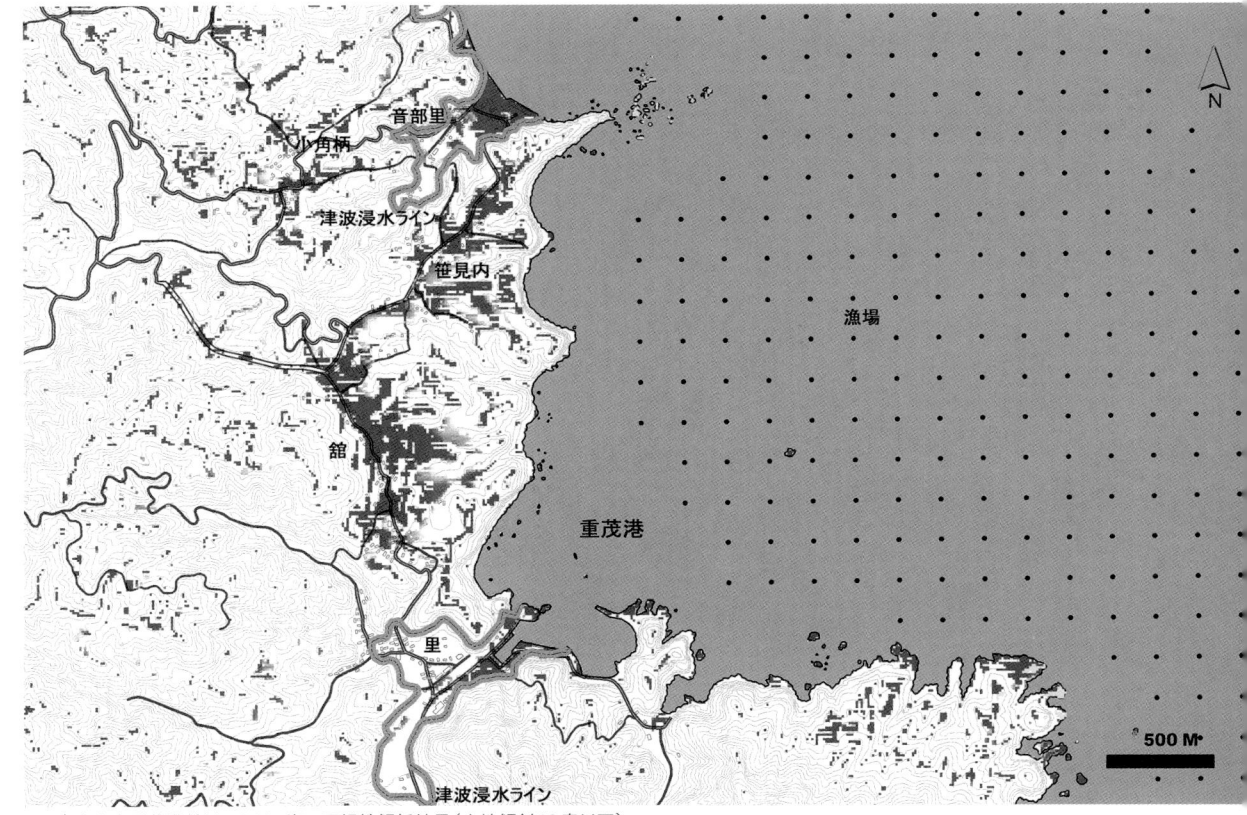

図2 | 宮古市重茂港付近における海の可視性解析結果（土地傾斜10度以下）
上図の重茂港付近の拡大表示。海に接し激しく被災した里、音部里地区では海の見えない場所が多い。
一方で高所にある舘、小角柄、笹見内地区の立地は海の見える土地と概ね一致する。海上の点は被視対象点。

するのは、陸側に狭小ながら拡がる平坦な低地に立地する居住域からは、海がほとんど見えていないことです[**写真1**]。もちろん海に直に接する所からは見えますがわずか2〜300mも入ると見えません。

　その一方で、今回被災を受けていない後背地の高所には、既存の漁業集落が海から1km程度離れながらもいくつか立地していますが、これらの立地と海が良く見える場所がかなりの程度一致していることがわかります。個々の集落立地の歴史は必ずしも明確ではなく、近世には海沿い低地と高台の双方に集落はあったようです。また高台集落が過去の津波を受けて低地から移転したものかどうかなども、一度高台に上がったもののまた降りていくという歴史もあるようで不確かな点もあります。しかし少なくとも、集落の立地場所にはさまざまな好条件の重なりが求められる中で、このように既存の高台集落の立地が海の可視性と傾斜だけでほぼ説明可能であることは、海が見えることが居住・生活の基本的な要件であることを示していると解釈できるのではないでしょうか[**写真2**]。

　低地部について、海が見えないことが人的被害を増したのかといった因果関係は簡単にはいえません。しかし海に近いにも関わらず海の見えない土地と、海から少々離れていても海が見える土地を比べれば、海とのつながりに差があることは確かと思われます[**図3**]。これまでの人々の暮らしを検証してみると、高台移転を計画するならば、この海の可視性は是非考慮すべきことであると考えられます。なおかつて高台の漁民は「番屋」と呼ばれる作業小屋を海辺に建て、高台の居住地と行き来して暮らしていたようですが、自動車の使える現代においては、このシステムは効率と安全を両立させる仕組みとしてさらに活かしうるものと思われます。

　さらに集落立地ばかりでなく、古い道路のルートについても海の可視性の高いところと一致する傾向が高いこともわかりました[**図4**]。集落を結ぶ道自体が地域の生活を支える基盤的空間であることを考えれば、この結果も理解しやすいものです。逆に現在の国道など幹線道からは海の見えない区間が多く、そうした考慮が計画時にはなかったものとみられます。

公共空間の立地と景観

　次に、同様の方法で一つの集落をもう少し詳しく、海の見えだけでなく耕地や宅地を含めた生産・生活領域が集落一帯の各地からどの程度見えるかを調べてみました。図5は宮古市北部の摂待という集落の結果です。海に加えて耕地や宅地がすべて見える緩傾斜地はごく限られた場所ですが、集落内でその最も好条件の場所には旧村社、つまり村の鎮守社が建っています。自らの集落全体を見る特異点ともいえる地点に神社のようなかつてはコミュニティの拠点的施設があったということは、復興計画においての公共的スペースの立地要件を示唆します。

　今回各地で神社が被災を免れたことが注目されていますが、神社は単に安全な高台であるだけはなく、海も含めて「全体を見渡せる＝どこからでも見える」という、視覚を通した"つながり"の要となる地域のパブリックな場所であることが少なくないといえます。集落全体が高台移転することは困難なケースも多いと思われますが、そうした場合でも、最低限人々が日常的に集うことのできる公共的な空間の場所はこうした特異点を踏まえて選ばれるべきと考えられます。

おわりに

　以上のことから、仮に津波から安全な高度を確保したとしても、同じ標高でも海が見える場所とそうでない場所とでは海とのつながりに違いがあることがわかります[**図6**]。これはその土地の居住・避難場所や公共空間としての適性と関連すると考えられます。なお平野部ではまた条件が異なるため別途の検討が必要ですが、人々の住まい方を考えるには、海や生活・生産の場の見え方を考慮した土地評価をしっかりと行っておくことは、共通して必要なことと言えるのではないでしょうか。

　ともすれば景観の問題は＋αの付加価値的要素として、特に被災復興といった局面では不要不急のものとみなされがちです。しかし、景観という人間の体験・経験には、むしろ生活や文化の基盤となる側面があるということができます。ランドスケープ計画の専門家にあっても、文化的景観の保全への関心の高まりなどにあわせて、見た目の景観よりもそれを生む仕組みが重要であるという議論のシフトがなされてきたのが最近の動向です。しかしある土地を見る／その土地が見える、というあまりにも単純なことの中に、そこに暮らす当事者にとってのなお深い生活との結びつきがあることにも注意が必要と思われます。

| 復興の風景像 | 生活の基盤となる景観の再生 | 3-3 |

写真1 | 里地区から海方向
海はすぐ先にあるが見えない。

写真2 | 小角柄地区から海方向
海は1km以上先にあるがよく見える。

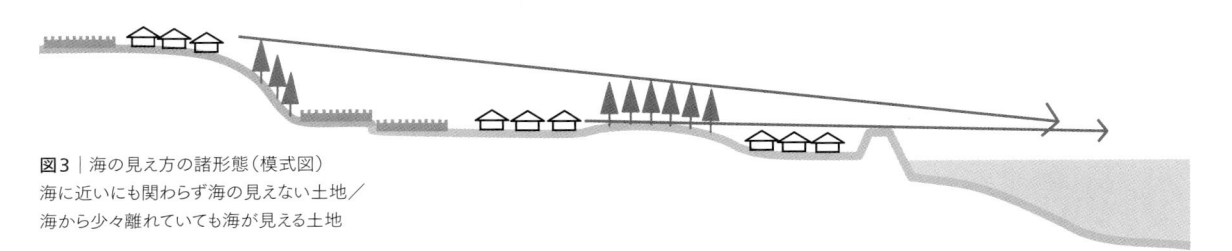

図3 | 海の見え方の諸形態（模式図）
海に近いにも関わらず海の見えない土地／
海から少々離れていても海が見える土地

図4 | 樫内地区付近の海の可視性
旧道からは海が良く見えるが
現国道からは不可視（傾斜10度以下）。

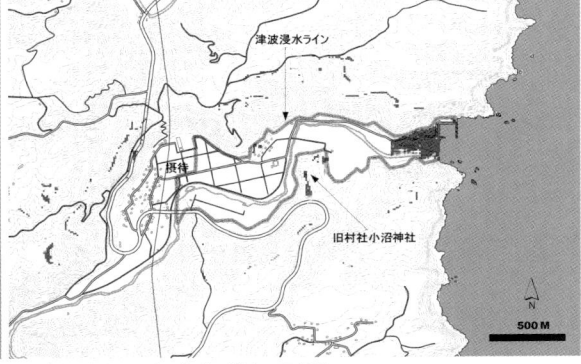

図5 | 摂待地区の海・集落・耕地の可視性
すべてが一度に見える土地はごく限られるが
最も好条件の場所に神社が立地（傾斜10度以下）。

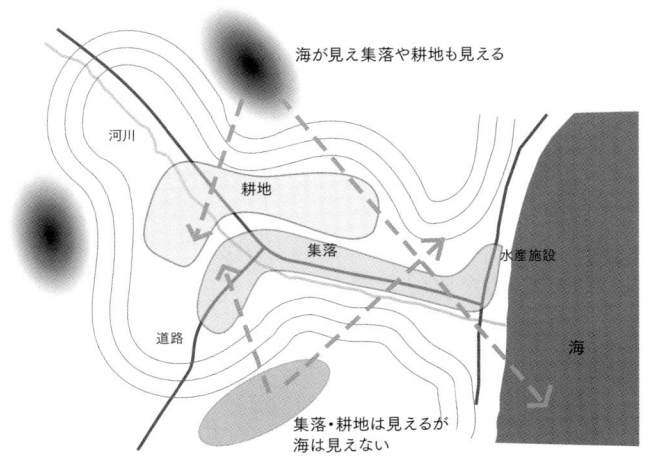

図6 | 海・生活・生産の場の見え方（模式図）
同じ標高の土地でも海や生活・生産とのつながりは
同一ではなく、それら全体を見ることのできる
特異的場所も存在する。
避難場所や居住・生活場所としての適性を
判断する一観点となりうる。

3-4 沿岸部におけるモビリティの向上

三陸沿岸トレイルの提唱

造園学の視点と道の基本的機能

　筆者は造園学会の震災復興支援チーム、被災地を支援する地元大学の一員として、久慈市、宮古市、陸前高田市、住田町を対象に農林畜産業の復興、地域コミュニティの再建支援、まちづくりに取り組んでいます。私の専門は公園計画ですが、自然と人の空間的関係を取り結ぶ造園学の視点から言えば、被災地においてそのより良い関係を構築するためには、将来にむけて空間の使い方を提案していくことが重要な課題となると考えています。とくに、震災発生時、被災直後、平時のそれぞれについて自然地を含めた空間の利用を検討する場合に、人の動線について計画し、道の役割、機能を整理しておくことが必要です。たとえば、道には「つなぐ」「分け入る・到達する」「分割する」といった基本的な役割があり、個々の道に対してどのような役割を担わせるのか、複合的な機能の組み合わせがありうるのか、これらの点を整理しておくことが求められます。

震災発生時の道の役割

　東日本大震災においても地震発生直後に高台への避難によって津波の難から逃れることができた事例が数多くありましたが、これは人の生活空間と高台を「つなぐ」道がその役割を発揮できたからに他なりません。しかし、人の生活基盤を形づくるのに適当な場所として平坦な場所が好まれるのに対し、高台となるような場所はときとして生活に不適な場所であるため結果的に森林や草地などとして残されていることが多いのです[写真1]。それゆえ、避難を確実なものにするためには、安全な場所まで道が「分け入る・到達する」という役割も果たさねばなりません。さらに、高速道路の盛土が津波被害の拡大を抑制した例もあり、意図していたか否かはさておき、これはまさに「分割する」という役割を発揮したことになります。ただし、道の敷設によってコミュニティが分断されることや計画対象外の他の道が機能不全に陥ることもあるため一つ一つの道を検討するだけでなく総合的に検討することが不可欠です。

道が持つもう一つの機能「知らせる」

　地震、火山噴火、洪水、強雨による山地崩壊など災害の多いわが国においては、それらの災害とうまくつきあいながら地域が発展していく必要があります。たとえば三陸沿岸地域で数十年、数百年の周期で発生する地震、津波に備えつつも日々の生活、営みの中で地域が発展するためには、人と道、あるいは人と道の先にある高台、自然との関係が普段から築かれていることが重要です。しかし、裏山で薪（たきぎ）を集めるなど物理的に周辺の自然環境との関わりが希薄な現在の生活様式の中では、日常的に地域の自然に関心を持ち、地震発生時にどのように分け入り、安全な場所へ到達できるか、その空間と行動のイメージを持ち続けることは容易ではありません。風景が地域の自然と文化を知る窓のようなものであることを考えれば、道沿いの景観を通して情報を得ることの重要性について再認識する必要があると言えるでしょう。東日本大震災では、地震直後に海の底が見えた、沖に白波が見えたなどという証言が数多くあったことからも、道から得られる視覚情報が環境の異変を「知らせる」ことに役立っていると考えられます。つまり、道には「知らせる」というもう一つの機能があることにあらためて気づかされます[表1]。また同時に、視覚から情報を得ることができない視覚障害者に対しては他の情報媒体によって環境の異変を知らせなければなりませんが、健常者と同様に自律的に避難行動を選択できるようにするためには、言うまでもなく、視覚障害者を周辺の自然環境から遠ざけないことが重要です[写真2]。

減災と人、自然

　東日本大震災からの復興で強調されている点の中に"減災"という考え方があります。これは、巨大防災施設[写真3]の建設のように人為によるハードの対策では自然の威力に立ち向かえないのではないかということが根本にありますが、もう一つの問題として、被害を最小限にとどめるために人の意識が重要であるにもかかわらず、防災施設を過信し、危機意識を持ち続けるための工夫やリスクとの向

写真1（左上）｜被災家屋の跡と高台で難を逃れた家屋。
急峻な斜面は住みづらいが、高低差が結果を大きく左右した。
写真2（右上）｜視覚障害者と健常者が一緒に活動する森林体験プログラム。
愛媛大学では小林修らが中心となって視覚障害者が参加する
森林・環境教育を積極的に展開している。
写真3（左下）｜岩手県沿岸部の巨大防災施設の集落側から
海側を見た風景。巨大防災施設の外の異変は見えず、
施設が道の「知らせる」機能を低下させている事例。

表1｜道の機能

道の機能	道が機能を発揮するための留意点
つなぐ	移動の起点と終点をつなぐ。移動速度を低下させることで滞在型、時間消費型の行動へと誘導することも可能である。
分け入る・到達する	区画の中や集落の中、奥行きのある空間へ人を誘導する。コミュニティ空間へと誘導する場合は道が不明確である方がよい場合もある。
分割する	道が空間を分割する。道の（規）格が分断された空間の性格を決定づけることにもなるため、不用意な道の敷設には注意が必要である。
知らせる	道沿いの景観を通して、地域の自然に関わる情報を知らせる。減災の観点から重要な機能である。

き合い方に関する訓練、学習の継続などソフトの対策が置き去りにされてきたことがあります。当然のことながら、経験された困難がいかに大きくとも時間の経過によってそうした経験、困難が語り継がれなくなり、忘れ去られることがありえます。それゆえ、減災の観点からも、普段から地域の自然との関わりを持ち、いざという時に道を利用できる準備がなされていることが重要です。

三陸復興国立公園構想

東北地方の太平洋沿岸には数多くの自然公園があります。ここで言う自然公園とは自然の豊かな公園という一般名称ではなく、陸中海岸国立公園、南三陸金華山国定公園、種差海岸階上岳（青森県）や松島（宮城県）[**写真4**]など自然公園法によって位置づけられた国立、国定、県立自然公園を指しています。環境省は震災直後に震災復興構想の一つとして三陸復興国立公園構想[**図1**]を掲げました。水産振興と里地里山の保全、長距離歩道の利用促進、森づくり、被災の伝承、学びの場の創出をこの構想によって図ろうというものです。震災直後、筆者の周辺ではこの構想の意義、必要性、効果について肯定的な意見がある一方で、懐疑的な意見も少なからずありました。しかし、人と自然の関係性の構築、あるいは再構築と言っても差し支えないかもしれませんが、そうした観点から構想の

意義を見いだせると私は考えています。国立公園というと地震や津波とは無関係なもののように感じるかもしれませんが、集落の高台移転において移転先の検討対象地が国立公園内にあれば、自然保護と生活基盤の回復のための取り組みとの両者の利害が対立する構図となります。その一方で、魅力ある自然資源は将来にわたって観光資源として利活用できる可能性もあり、短期的視野と長期的視野で地域資源に対する見方が異なることもありえます。このように、平時だけでなく、被災直後、復興途上の段階においても決して無縁ではありません。

三陸沿岸トレイルの提唱

1. 三陸沿岸トレイルの意義

三陸は陸奥、陸中、陸前の三国の総称です。すでに触れたとおり、国は陸中の沿岸部を国立公園に指定していますが、陸奥、陸前にも魅力的な自然資源があり国が国定公園を、三県がそれぞれ県立の自然公園を指定しています。それらを一つにまとめ復興に資する取り組みにしようという構想はかなり包括的な提案ですが、それを具現化するものとして三陸沿岸トレイルが有効と考えています。三陸沿岸トレイルの意義としては、まず、防災教育の場としての役割を挙げることができます。地域に住む人々が自然との関係性を保つ、すなわち、地震や津波などいざというときの備えを忘れずに着実に生活していくための装置になりえるということです。二つ目は、地域住民だけでなく来訪者にとっても、地域の自然文化にかかわる知識、体験を獲得できる場所として活用できるということであり、いわば環境教育と観光振興の場としての役割です［写真5］。もともと北東北では内陸と沿岸部での経済格差（収入格差）が課題となっていたこともあり、第一次産業の高収益型産業への転換と観光による経済効果の促進は課題解決の一つの方向性です。三つ目は、すでに高齢社会に突入し超高齢社会へと向かうわが国においては国民の健康志向に応えていくことも重要であり、これは社会福祉の場としての役割です。そのほか、人が集まる場所をつくることで会話が生まれ、結果的にコミュニティの維持、形成に寄与できるかもしれません。このように、三陸沿岸トレイルの活用によって、地域の自然と人との間に重層的な関係をつくり、足腰の強い（災害に強い）地域づくりができると考えています。

2. 既存のさんぽ道の活用

仮に青森県の種差海岸から宮城県の松島海岸までの沿岸部を通るトレイルを新たに開設するとなると総延長350km以上に及ぶ長い道になりますが、たとえば岩手県では陸中海岸自然歩道「さんぽ道」［図2］をすでに11路線、約100kmを設定しており、三陸沿岸トレイルの一部として活用できます。現時点では、地震による歩道の崩壊や落石で一部の歩道区間が通行止めになっており、開設された道が機能を果たせない状況に陥っていることから、いずれは復旧作業を行う必要があります。見どころとしては、陸地が隆起してできた海岸段丘［写真6］や、反対に陸地が沈水してできたリアス式海岸、穴通磯などの奇岩、シロバナシャクナゲ、ウミネコなど、地理学的、動植物学的に価値ある自然資源が点在していますので、こうした自然資源を保護しながら、前述の防災教育、環境教育、観光振興、社会福祉の場として利活用を図ることが重要となります。自然公園法だけでなくジオパークなどの地域の自然資源の価値をまもる新たな制度や枠組みが設定可能かどうか、エコツアーの開催やガイドの人材育成が可能かどうか、着地型観光の推進による地域経済の活性化が図れるか否か、防災意識の向上に寄与し、人に対する生理的・心理的効果を考慮して健康志向に応えうるか否かなど、道に複合的な機能を担わせていけるよう多角的に検討されることが望まれます。

おわりに

震災からわずか3週間ばかりの4月1日から岩手大学で仕事をさせていただいており、赴任直後は「大変な時に来ましたね」と地元の方々に声をかけていただきました。たしかに、前勤務先の退任式で花束を受け取って、そのままガソリンの携行缶を積んだトラックに乗り込み、赤色灯をつけた自衛隊、警察、消防の車両が行き交う凸凹の東北自動車道を夜中一人で運転した経験は一生忘れられないものとなりそうです。また、震災直後、避難所となった寺で掃除のボランティアに参加した際に、被災された方が「高台しか残っていない今となっては、仏さまよりも高い場所に住むしかない」と仰っていたことが印象的で、これまでの住まい方のルールを尊重しつつどうやって復旧、復興すべきか考えさせられた瞬間でした。今まさに私の関わる学問領域の役割や意義が問われる重大な局面でもあり、造園計画、観光はもちろんのこと広く農学という分野に大きな期待が寄せられていると感じています。

● 参考文献
槇文彦ほか（1996）：見えがくれする都市：鹿島出版会、17-52

写真4（左）｜日本三景の一つ松島。
現在、宮城県立松島自然公園に指定されている。
写真5（右上）｜久慈市の漁港。三陸トレイルの道から、
あるいは道から少し足を踏み入れることで水産業など
東北沿岸部の生業の風景を見ることができるようになる。
写真6（右下）｜北山崎の隆起海岸。海のアルプスとも呼ばれ、
北部陸中海岸国立公園を代表する海岸景観。
高さ200mの断崖が約8kmにわたって連続する。
（岩手県提供写真）

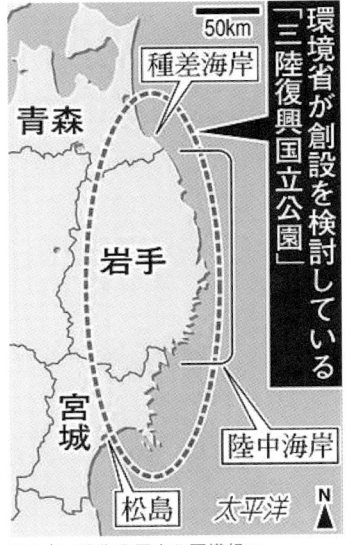

図1｜三陸復興国立公園構想の
対象地域（出典：岩手日報）

図2｜震災前に設定されていた
陸中海岸自然遊歩道「さんぽ道」。
これらの道が三陸トレイルの下地となりうる。

- 陸中海岸北限のみち（久慈市）
- 北山崎・黒崎海岸をのぞむみち（普代村〜田野畑村）
- 鵜の巣断崖と海辺のみち（田野畑村）
- 真崎海岸を訪ねるみち（田老町）
- ハマナスと浜辺のみち（田老町〜宮古市）
- 浄土ヶ浜展望のみち（宮古市）
- 月山眺望のみち（宮古市）
- 本州最東端を訪ねるみち（宮古市）
- 船越半島を訪ねるみち（山田町）
- 碁石海岸を訪ねるみち（大船渡市）
- 黒崎仙峡を訪ねるみち（陸前高田市）

3-5 流域を単位とした地域環境像

沿岸部と内陸部の連携・交流による地域振興

「復旧なき復興」

平成23年5月15日、私たちは、被災地、岩手県大槌町を訪れました。展望台から望む市街地は、瓦礫と焼け焦げた建物が広がる、文字通り言葉を失うほどの被災の風景でした[写真1]。

こうした風景を目の当たりにすると、私たちは、「かつての町を一刻も早く取り戻したい」という思いにかられます。しかし、一方で冷静に見つめなければならないのは、今回の被災地の多くが、被災以前から、人口の減少、少子高齢化、産業の衰退といった問題を抱えていた、という事実です[図1]。この事実に鑑みると、迅速な再建は必要だとしても、被災前の町をそのまま「原状回復」することが、本当に解として良いのかという疑問が生じます。

私たちは、日本造園学会の調査報告のタイトルに「復旧なき復興」という表現を用いています。これは、今回の復興に当たっては、「旧を復す」、すなわち3月10日の状態を回復させるという発想ではなく、新しい、持続可能な町のあり方が展望される必要があるとの思いを込めたものです。ここでは、この「復旧なき復興」の考え方を述べたのち、その実現のために沿岸部と内陸部の「連携」が手がかりになること、連携の単位として「流域」が有効であることを述べたいと思います。

復興した町のイメージ

私たちが考える「復旧なき復興」が成し遂げられた町とは、エネルギーと食料が地域内で一定量循環することにより、将来の被災に対する町のレジリエンスが確保されながら、そこに住む住民の方の日々の暮らしの維持が可能な、定常型の社会が築かれている、というものです。

こうした町は、より具体的には、以下のようにイメージすることができます。第一に、地域社会全体を動かす産業の基調が、「現金収入の最大化」から「暮らしの安定した維持」へとシフトし、農林漁業がそれに貢献する生業として地域に位置づいています。第二に、一定の空間的範囲のなかで、エネルギーと食料の生産と消費が行われ、結果として、これらの一定量の「地域内自給」が実現されています。第三に、人々の労働形態は、海、里、山で行う複合型のものになっており、自然災害に起因する生業喪失のリスクが低減されています。

そこで営まれる人々の暮らしが、地域に根付いた持続可能なものであり、また、将来再び来るであろう大震災への対応力が自然に社会に組み込まれている。こうした町を私たちはイメージしています。

沿岸部と内陸部の連携の意義

以上のイメージで捉えられる「復旧なき復興」は、どのようにしたら実現できるでしょうか。私たちは、自然環境を読み解いたうえで、甚大な被害を被った沿岸部と、比較的被害が軽微であった内陸部との「連携」の仕組みを考えていくことが重要と考えます。

その理由の第一は、エネルギーと食料の循環に役立つ資源ストックの存在です。まず、内陸部には、沿岸部の復興に向けて評価すべき重要な資源、森林が存在しています。このストックは、沿岸部で必要とされるエネルギーの供給源となる可能性が十分にあります(p.52-55、2-4参照)。一方、沿岸部には、海から得られる水産物という、内陸部にはない資源があります。例えば、大槌町が面する大槌湾には、俵物として有名なアワビをはじめ、ウニ、ワカメ、コンブなどの豊富な水産資源があります。これらは震災を経ても大きな被害を免れました。水産資源は、通常、市場に出荷されるものですが、その過程においては、「雑魚」、つまり、市場に出荷できない商品価値の低い水産物が大量に発生します。これらは、地域内の食料自給に貢献できる可能性を持っています。沿岸部の市街地のエネルギー供給の一部に内陸部の森林バイオマスを充て、基幹産業である水産業の復興を図りながら、その副産物により食料の自給を図る。沿岸部と内陸部との連携により、こうしたエネルギーと食の自給のイメージを描くことができます。

沿岸部と内陸部の連携が重要な理由の第二は、産業の複合化により将来の被災への対応力を高められることです。今回の震災では、大槌町の基幹産業であった水産

復興の風景像 | 流域を単位とした地域環境像 | 3-5

写真1 | 岩手県大槌町の城山展望台から望む市街地
（2011年5月15日筆者撮影）
瓦礫と焼け焦げた建築物が広がる荒涼とした景観。

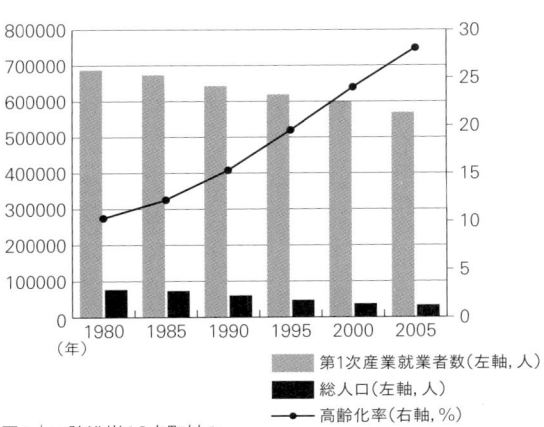

図1 | 三陸沿岸16市町村の
人口、高齢化率、第一次産業就業人口の年次推移
人口の明らかな減少傾向と高齢化、第一次産業の衰退傾向がわかる。
（岩手県宮古市、大船渡市、久慈市、陸前高田市、釜石市、大槌町、
山田町、岩泉町、田野畑村、普代村、野田村、洋野町、宮城県石巻市、
気仙沼市、女川町、南三陸町の国勢調査データを基に作成）

凡例：
- 第1次産業就業者数（左軸, 人）
- 総人口（左軸, 人）
- 高齢化率（右軸, %）

図2 | 流域と土地利用
流域境界を黒線で、土地利用の種別を色で示す。
河川上流部には森林、下流部には市街地が卓越し、
流域が両者をまたぐ空間単位となっていることがわかる。

図3 | 大槌町周辺における流域と農業集落
流域をポリゴンの色で、
農業集落境界をグレーの線で示す
（黒線は市町村境界）。
境界の重なりに着目すると、
流域は農業集落を包含する関係にあり、
境界部は一致する傾向にあることがうかがえる。

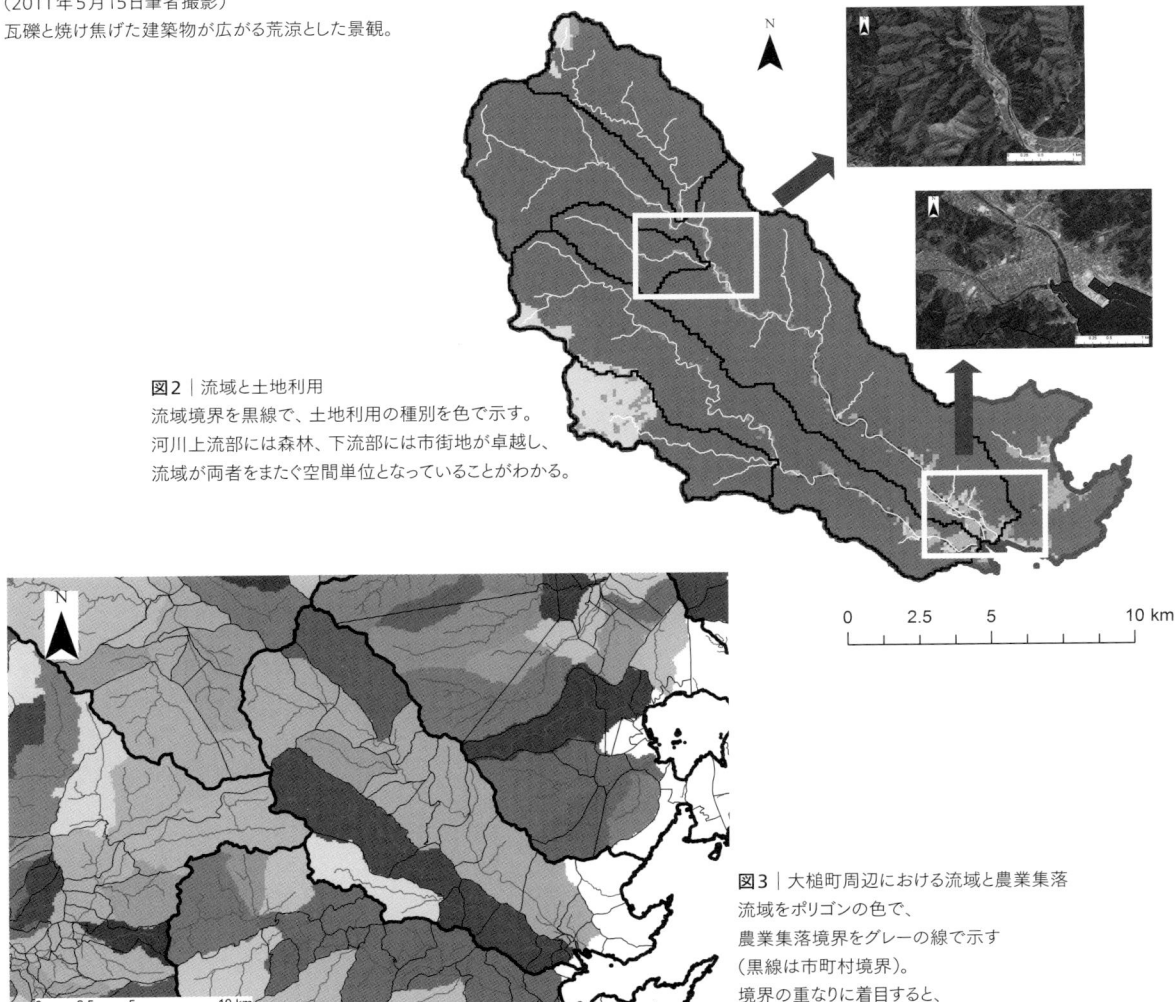

業が甚大な被害を受けました。そのことによって、職を失い、周辺市町村に移住を余儀なくされた住民が多くいました。このことから、生活の糧を全面的にひとつの産業に依存してしまうと、その産業が継続できない事態が生じた際に、住民は、職だけでなく、生活の場までも変えざるを得ない事態に至ってしまうことがわかります。こうしたリスクには、産業の複合化を進めることが有効です。つまり、水産業とともに「副業」として住民が関われる産業を育成し、平時からそこへの関与の途を持つことが、有事の際の対応可能性を高めます。水産業を中心としつつも、林業を副業として持ち、漁閑期には漁師が山に入り、森林を整備する。沿岸部と内陸部の連携により、こういった「半林半漁」の生業の形を生み出すことが将来の被災への備えとなります。

連携の単位としての「流域」

「流域」とは、河川に水が流れ込む空間的範囲のことです。この空間単位を、経済圏、通勤圏等の社会的な空間単位とともに、上記の連携の基礎単位として考えることが重要です。

その理由のひとつは、流域という空間単位が、多様性を備えていることです。日本の都市は、一般に、水が豊富で移動も容易な、下流域で発達してきました。一方、上流域には、先述の通り、豊富な森林が存在しています。そしてその間には、農地の卓越する地域があります［図2］。流域という空間単位で地域を括ることによって、こうした多様性ある地域を一体的にマネジメントすることが可能になります。そのことが、地域の資源を生かしたエネルギーと食の循環や、上述した「副業」の創出の可能性を高めます。

地域の伝統的な社会単位との空間的な整合性も、流域を基礎単位とすることの利点です。例えば、大槌町近辺における流域と農業集落との空間的関係を見てみると、両者の境界が概ね一致していることがわかります［図3］。農業集落は、地域における伝統的な社会単位ですが、大槌町では復興会議の合意形成の基礎単位となるなど、現在においても重要な役割を果たしています。流域を連携の基礎単位とすることは、地域社会の面からみても妥当だと考えられます。

また、流域は、空間的に、小規模な単位が大規模な単位に内包されるという、入れ子の構造を有しています。エネルギーや食料の循環・自給と言っても、現在ほど物の流れが広域化した社会の中では、小規模な空間スケールで100％成立させることは不可能です。循環を考えるためには、例えば、市町村以下のスケールで全体の3割、都道府県を合わせて5割、国内まで含めて7割をまかない、残りの3割をグローバルなスケールでまかなうといったように、マルチスケールで、物の動きを考える必要があります。この際、小流域を基礎単位として、一定量のエネルギーや食料の循環を考え、そのうえで、大流域、さらには、社会的に結びつきの強い異なる流域間での循環を考えるといったように、流域を基礎単位に循環系を考えることで、自然にこうしたマルチスケールでの循環を考えることができます。例えば、大槌町のケースでは、まずは、大槌川や小鎚川の流域を基礎単位とし、ついで、通勤圏である釜石市や、親族ネットワークのある遠野市の流域との連携により、大きなスケールでの循環を考えるといった段階が想定されます［図4］。エネルギーや食料の供給路を意図的に多重化することは、平時においては必ずしも効率的とはいえないかもしれません。しかし、有事の際の備えとして役立つのは、こうしたリダンダンシー（冗長性）のあるエネルギー・食料の供給システムなのです。

「復旧なき復興」からの発信

米国の景観生態学者、ジャック・アハーンは、"safe to fail"という概念を提示しています。これは、「壊れてももとに戻る」という動的過程を含んだ社会システムの考え方です。そして、"safe to fail"を保障するものとして、レジリエンスを位置づけ、それを高めるための戦略として、「多機能性」、「リダンダンシーとモジュール化」、「（生物的・社会的）多様性」、「マルチスケールでのネットワークと連結」、「順応的な計画と設計」の5つを示しています［表1］。流域を基礎単位に、沿岸部と内陸部の連携を図りながら、エネルギーや食料の循環を考えていくことは、こうした戦略の実践として位置付けられます。

近い将来、日本は再び大震災に見舞われることが予測されています。それを見据えると、ここで示した「復旧なき復興」の考え方は、被災が予測されている都市の「事前復興」の基盤としても重要だと考えられます。「復旧なき復興」からのメッセージが、被災地だけでなく、広く日本の都市に対しても発信され、日本社会全体がよりレジリエントなものに作り替えられていくことが期待されます。

●註

Ahern,J. (2011): From fail-safe to safe-to-fail: Sustainability and resilience in the new urban world, Landscape & Urban planning 100, 341-343

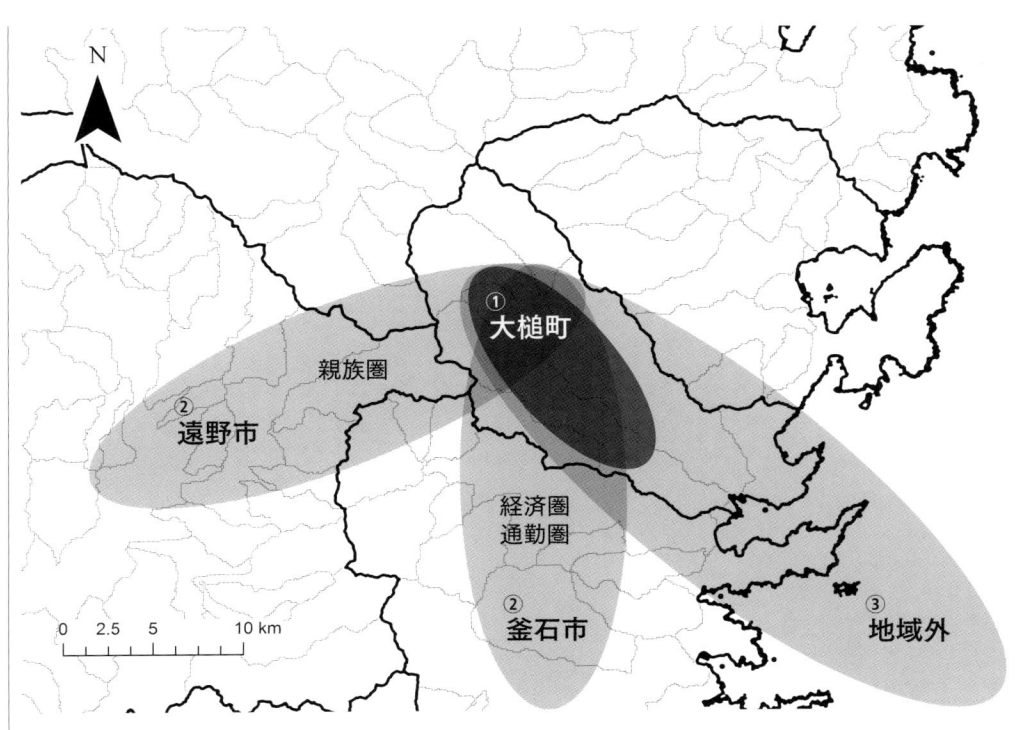

図4｜大槌町におけるありうる循環のイメージ
流域を基礎単位に、
大槌町内の循環、釜石市との連携、
遠野市との連携を考える。それらの循環を、
国土スケール、グローバルスケールなど、
地域外のさらに大スケールと関連付ける。
これらにより、グローバルスケールでの
エネルギーや食料の循環の中に、
小スケールでの自給を位置づける。

［リダンダンシーのある循環の構成］
① 大槌町内
小流域を単位に里海・里山連携による
エネルギーと食料の循環の実現（p.52-54、2-4参照）
② 釜石市・遠野市との連携
経済圏、通勤圏、親族圏など社会的な圏域を考慮した
より大スケールでのエネルギーと食料の循環の実現
③ 地域外との連携
国土スケール、グローバルスケールでの
エネルギーと食料の循環との関連付け

表1｜
都市のレジリエンスを高めるための5つの戦略（Ahern, 2011より作成）

多機能性 Multifunctionality	限られた空間のなかで複数の機能を果たせるような 計画や設計を、関係主体や利害関係者の協働の下で 実現する。
リダンダンシーとモジュール化 Redundancy and modularization	リスクを時間的、空間的、システム的に 分散させることができるよう、同じ機能を多重化するとともに、 過度に一箇所に集中させない。
（生物的・社会的）多様性 (Bio and social) diversity	様々な環境や状況の変化に対応できるよう、 生物、社会、空間、経済の多様性を確保する。
マルチスケールでのネットワークと連結 Multi-scale networks and connectivity	都市のシステムを、複数のスケールで 他のシステムと関連づけ、 ネットワークの断絶のリスクを低減させる。
順応的な計画と設計 Adaptive planning and design	政策やプロジェクトの実行と検証を繰り返し、 過程において得られる知識を反映させながら、 漸進的に計画を進める。

3-6 新しいコンセプトの公園(パーク)

エリアマネジメントを媒介する
空間領域

被災がもたらしたもの

　東日本大震災の想定を超える規模の地震とその後に発生した津波によって壊滅的な被害をうけた被災地では、建築物や各種インフラなど、津波の浸水エリア内の土地の上に建設されてきたものの多くが流失する一方、被災の状況は人為的な土地利用の基盤となっている地形地質などの地学的自然の特性を如実に反映することになりました。これは陸地、特に平坦な低地に浸水した津波の水平方向の掃流力が、あるまとまった範囲においてほぼ均等な物理的作用を及ぼすことによってもたらされる現象です。津波によって、地表面にある建物などの構造物や人為的な土地造成の凹凸が削りとられますが、逆にその下地となっている大きな地形の構造は保持されます。むしろ後付的に付加されたり改変されたりした部分が流失した分、土地の素地がより露わになるともいえるでしょう。それだけではなく、人為的な改変をうける以前からの土地の状況、即ち土地の出自とそこに刻まれた履歴があからさまなまでに白日の下に晒されるわけです。

　図1は、津波によって被災したS町のある地区における標高のモノクロ彩段図に、津波が到達した浸水範囲を重ねたものです。当然のことながら津波の到達範囲と浸水エリアは、地形の標高、言い換えれば平面上における等高線の形状をそのままトレースしたかのようなパターンを示すことになります。一方、1940年代の中期に撮影されたこの地区の空中写真[図2]からは、浸水した谷戸状の地形を呈する部分が、海岸の後背湿地であったことを判読することができます。後に、この後背湿地から海岸への出口にあたる部分にあった浜堤の微高地を手がかりに盛り土がなされ、その上に集落や市街地が形成されるとともに、後背湿地は農地へと改変されたようです。今回の津波は、そのわずかな盛り土部分の高低差をはるか凌駕する高さや勢いとともに押し寄せたわけですが、被災後も長期にわたって、背後の農地が滞水した状態にあったことがこの土地の出自を如実に物語っています。

エリアマネジメントの視点

　大部分の被災地が集中する東北地方の太平洋沿岸地域では、被災のスケールやディテールの差異はあるにせよ、多かれ少なかれ上記に類するような状況が発生していたと思われます。即ち、気候学的自然(気温・降水量等)のもと、地学的自然(地形・地質・水系等)と植物学的自然(植生等)がおりなす自然環境の状態、現代風に表現すればエコロジカルな自然環境に適応・依存しつつ、農林漁業を中心とした第一次産業の生産によって成立していた近代以前の土地利用に、近代以降の建設技術によって改変された部分が付加され、それらが地震と津波という営力によって同時に一掃されるという事態です。このような状況の理解に基づき、高度な経済成長よりも環境の持続性を重視する近年の社会的価値観をふまえれば、近代以前の状態をひとつのモデルとして生業をたてなおし、自然立地的な土地利用の再生をはかることによって、防災・減災の効果をも見据えた持続可能な地域の環境づくりをめざすことには、極めて自明の理があるように思われます。

　特に河川流域や集水域を土地利用計画と環境管理の単位として位置づけることは従来から主張されてきたことであり、たとえば気仙沼湾に流入する河川の上流域における森林管理と湾内の牡蠣養殖の間にある密接な関係についてもよく知られているところです。このように、第一次産業の生産と加工が依拠するエコロジカル・エリアと生活とその文化が依拠するコミュニティ・エリアの重なりが今も認められ、そこからの再生が可能となるだけの人的資源が担保されている場合、復興計画においてより自然立地的な土地利用への転換が指向されてしかるべきでしょう。

　しかし一方においては、生業と生活が依拠するエリアの著しいズレや断絶が発生している場合にはどうするべきなのか。図3に示すように、被災地の多くが集中する地域では、近年では現代的な生活の利便性追求の度合いが高かったがゆえに、これら2つのエリアのズレがより顕著になっているところが多いようです。自動車交通の発達による生活圏や商圏の拡大、流通機構の統合による均質な

サービスの提供などは、伝統的なエコロジカル・エリアから乖離したコミュニティ・エリアの発生を必然のものとしました。このような地域の復興にあたっては、このズレの整復、補正、あるいはズレをズレとしたままその矛盾を止揚することまでを幅広くカバーできる方策が必要になるようです。そのためのひとつの仮説として、広義のエリアマネジメントの視点を確立しておくことの有効性を指摘したいと思います。エリアマネジメントというソフトウェアの視点を用意することによって、被災地とそれをとりまく多様な状況に対処するための手だての発見が期待できるかもしれません。なお、これら2つのエリアが重なっていた近代以前には、生業と生活が一体化した状態を持続させるために地域共同体の中で行われていた一連の活動とその規範は、エリアマネジメントそのものであったといえるでしょう。

新しいコンセプトの公園＝パーク

さて、広義のエリアマネジメントを通じた被災地の復興は、当該エリアの住民・企業・地権者・NPO団体、さらにはこれらをサポートする自治体の施策を含めたとりくみを媒介する空間的な領域を新たに定義することによってはじめて、ランドスケープのプランニングやデザインの課題となります。その空間的な領域のひとつとして、ここでは新しいコンセプトの公園（パーク・park）の可能性について検討してみます。

公園とは、我が国においては主に営造物公園である都市公園、主に地域制公園である自然公園の2つの体系によってその大部分が定義されてきたもので、いずれも公的機関である国や地方公共団体によって設置、指定、管理されることが原則です。エリアマネジメントの活動を媒介する公園は、これら既往の枠組みを超えて構想されるべきもので、これを従来のものと区別するために「パーク」と呼ぶことにします。パークを末尾にくっつけた語によって表現される公園以外の空間領域には、たとえばビジネスパーク、インダストリアルパークなどがありますが、これらは特定の機能が集積している状態を示すことによって、周辺地域から峻別されることを意図したものです。周辺から囲い込まれた状態の土地を意味するparkの原義に照らせば、きわめて素直な用法だといえるでしょう。その意味においては、ここで検討するパークもまた、周囲から際だつ領域性が明示できるだけのコンテンツを内包するべきものなのですが、それらの価値がエリアマネジメントによって増幅されていくようなものでなくてはなりません。そのようなパークのモデルをもとめて過去の事例を参照してみると、少しスケールは違いますが、ドイツのエムシャー・パーク（Emscher Landschafts

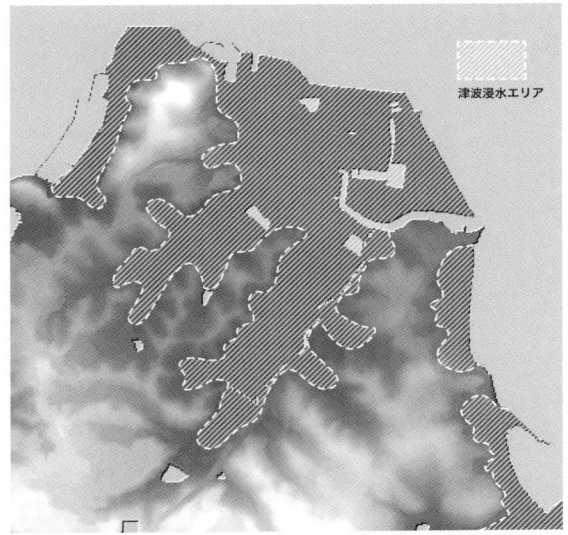

図1（上）｜東日本大震災によるS町の津波浸水エリア
（国土地理院発行・数値地図5mメッシュ（標高）データを用いた彩段図）
図2（下）｜1948年に撮影された図1とほぼ同じ部分の空中写真
（国土地理院・国土変遷アーカイブから引用）

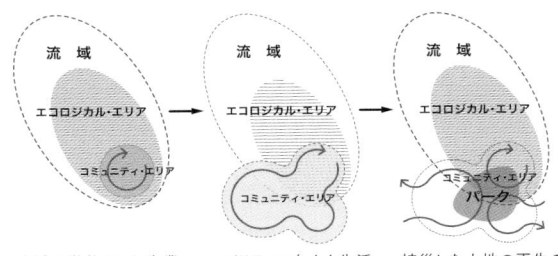

図3｜河川の流域を単位としたエコロジカル・エリアとコミュニティ・エリアの関係の変容

流域を単位とした生業（第一次産業）を支えるエコロジカル・エリアと生活圏のコミュニティ・エリアが重なった状態

モビリティの向上と生活圏の拡大によりエコロジカル・エリアとコミュニティ・エリアの間にズレや分離が発生する状態

被災した土地の再生のエリアマネジメント媒介する空間領域としてのパークによって、エリアのズレが止揚される状態

Park）にたどりつくことになるでしょう。

エムシャー・パークは、ドイツ北西部のルール地方を流れるエムシャー川流域の約800km^{2}の範囲において、衰退した第二次産業の生産施設や炭坑などの歴史的遺構を保全しつつ、環境浄化と自然再生、さらには居住環境整備までを実施する広域的な土地再生の構想です。当初は時限立法によって政府が出資した民間企業のイニシアチブによって推進されてきましたが、現在では個々の自治体や企業、地権者、住民団体等によるエリアマネジメント事業として運営されており、ツーリズムや民間投資を呼び込むことによって地域経済の活性化に貢献しています。

この事業には、2つのパークの概念をみてとることができます。一つは、このエリア全体を周辺地域から特化させるために用いられる広義のパーク、いま一つは、全域に広がっていた産業棄地、つまりブラウンフィールドの自然再生をめざした狭義のパークで、こちらがこの事業推進の母胎となった空間領域です。

今時の震災の被災地を概観してみるとき、そのひとつの手がかりが津波によって浸水した地区において住居が移転した跡の土地利用として想定される広大な津波防災緑地ではないかと思われます。防災施設や地盤レベルの嵩上げなどを必要とするこれらの土地は、ある意味においてブラウンフィールドと同義です。さらに、周辺には海水に浸ったことによって土壌の塩分除去が必要な土地も広大にひろがっています。これらの土地の再生をめざした狭義のパークの概念を、津波防災緑地を母胎として展開し、被災地の多くにみられる豊かな自然環境と連携させることによって広義のパークへと発展させることができそうです。むろん、これらの広大な緑地を公的機関が長期にわたって維持していくというこれまでの構図にはリアリティがないでしょう。ここで、前述したエリアマネジメントの視点が意味をもちはじめることになります。では、具体的にどのようなことが考えられるでしょうか。冒頭でも紹介したS町を対象としたケーススタディを紹介してみたいと思います。

防災緑地からパークへ
S町におけるケーススタディ

S町は東に向かって太平洋に突き出した半島部分のほぼ全域を町域とする人口20,000人程度の地方自治体です。東日本大震災では、町域の約25％に相当する面積の土地に津波の浸水被害がもたらされました。図4はS町の地形の構造と復興計画の中で想定される津波防災緑地の位置を示したものです。三陸のリアス式海岸に近似した地形を原型とする半島では、中央部の丘陵地から四方に尾根が延び、その間の低地部分が海岸の後背湿地から農地へと転換されてきたようです。今時の津波は海岸線に立地した市街地を越えて、谷戸の形状をもつ後背湿地の奥深くまで浸入しました。このことから、津波に対する多重防御策の一貫として、被災した住宅等が移転した跡地の海岸線に沿って広範囲に防災緑地を配置することになるものと思われます。

図5と図6に示すように、S町では前記した地形条件の特性によって、丘陵部の尾根筋とその斜面に広がる樹林、後背湿地に相当する谷戸の農地（主として水田）の2つの系統によって、緑地の骨格的な構造が形成されています。前者を「尾根系」、後者を「谷戸系」とすれば、今後整備される予定の津波防災緑地は「浜系」と位置づけることができるでしょう。狭義のパークに相当するこの浜系の緑地は、S町におけるこれまでの緑地系統のありかた、ひいては図3に示した被災地のエコロジカル・エリアとコミュニティ・エリアの関係にも変化をもたらすことが予想されます。

S町の定住地は、海岸線に沿って歴史的に形成されてきた半農半漁の集落を母体とするものと、近年になって丘陵部の尾根を造成してつくられた住宅地市街地に大別されます。海岸線の集落では、生業としての第一次産業を支えるエコロジカル・エリアと日常的な生活圏となるコミュニティ・エリアの分離はすでに明らかなものとなっており、生活圏は丘陵部の新市街地に拡大しています。浜系の緑地は、尾根系と谷戸系の緑地を海岸部おいて景観的、環境的に連携させるだけではなく、2つのエリアのズレや分離を調停する機能を期待できそうです。景観的な連携とは、海岸部における景観的特徴である海に突き出た岬状の尾根と浜の市街地や道路等を緑によって柔らかくつなぐことであり、環境的な連携とは、丘陵部の斜面から谷戸を経て海へと連続する小規模な流域単位の自然環境を海岸部においても保全再生することを意味します。

さらに注目すべきは、狭義のパークである浜系緑地の周辺に、良好な景観や豊かな自然環境を背景とした新たなエリアが成立する可能性が潜在していることです。ここでは、町外からの来訪者や移住者を含むより広域的なコミュニティの形成を前提として、ツーリズムをはじめとする地域間交流を促すような、従来の日常生活圏とはやや異質なコミュニティ・エリアが新たにうまれることにつながるでしょう。そして、主として農地である谷戸系緑地、主として樹林である尾根系緑地と浜系緑地との連携は、図7に示すように、新たなコミュニティ・エリアとともに文字通り広義のパークの成立を予感させるものです。津波防災緑地をシード（種

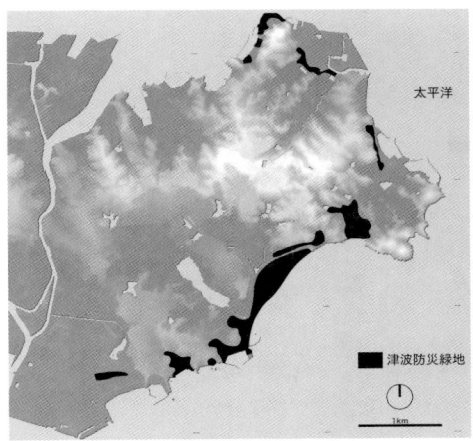

図4 ｜ S町の地形と想定される津波防災緑地の配置

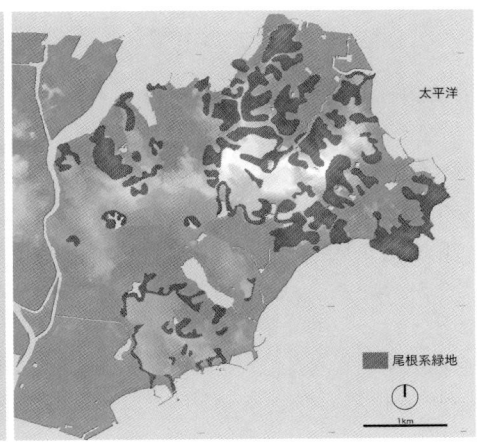

図5 ｜ S町における尾根系緑地の分布

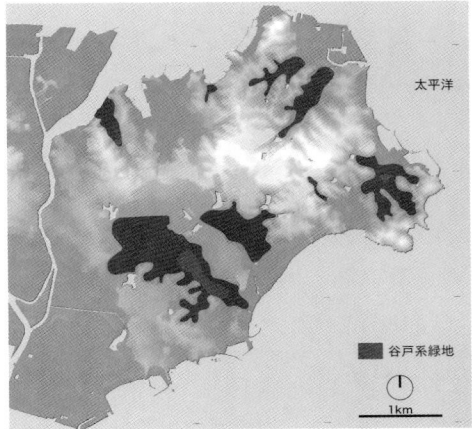

図6 ｜ S町における谷戸系緑地の分布

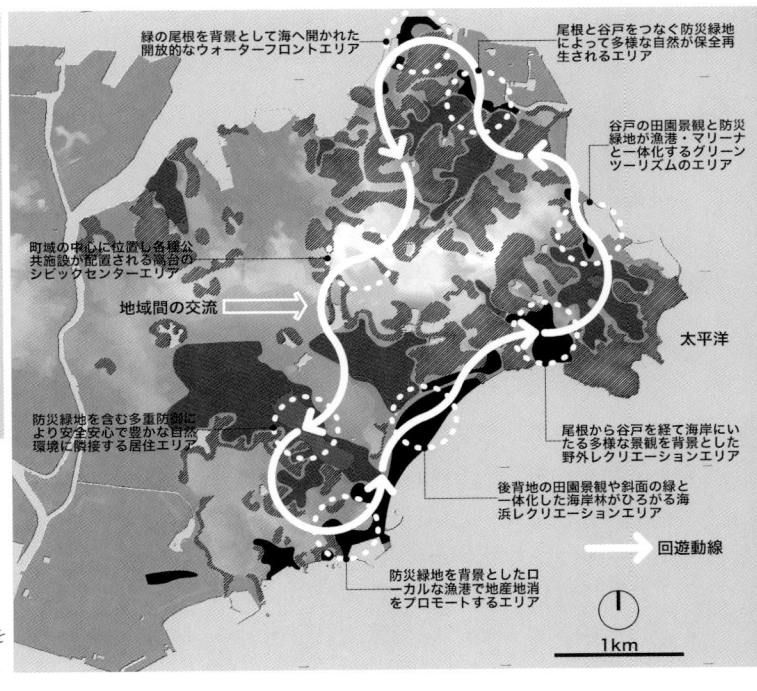

図7 ｜ エリアマネジメントを媒介する「パーク」の構想

地)として、町域全体がひとまとまりのパークとして周辺地域から峻別され認識されるような再生のビジョン（果実）を描くことができるかもしれません。

これらの津波防災緑地の整備は、おそらくは営造物である都市公園の整備事業として実施され、広大な防災林の造成にあたっては治山・植林事業等と組合せることになるでしょう。しかしいずれにしても、長期にわたる緑の育成管理・維持管理が必要となり、そのすべてを公的機関が担うということにはすでに現実味がなくなりつつあります。それにかわるものとして、それぞれの津波防災緑地が立地する地区の住民・企業・地権者・NPO団体、さらにはこれらをサポートする自治体の施策を含めたとりくみによって、狭義のパークから広義のパークにいたるエリアマネジメントが介在する必然性があるでしょう。

幸いにして、被災したS町の各地区には、歴史的に継承されてきた地区単位のコミュニティが今なお存続しており、個別の実情に即したマネジメントをきめ細かくすすめていくことのできる可能性はありそうです。また、このような活動を継続することが、ひいては次の災害発生時における迅速かつ的確な避難行動による生存の保証と住民の生活再建、つまり本書の前半部分で主に提案されているコンセプトに還元されると考えられます。ここに被災という現実とその経験を糧としつつ、持続可能な生活圏の創造を通じた復興が紡ぎ出す風景像の一つを明瞭にイメージすることができるのではないでしょうか。

3-7　バックアップ都市の関係構築

機能の代替を可能とする
都市間連携の可能性

「バックアップ」があるということ

「バックアップ」は、分かりやすく言えば「控え」のこと。例えるならスポーツでレギュラー選手が怪我した時の代理選手です。つまり「控え」は一つのリスクヘッジと言えます。「控え」は想定に対する対策とも言えます。では東日本大震災のような想定外に対する対策は、どのような留意が必要なのでしょうか。沈まない船、壊れない建屋、歴史の中でその様な事例が度々登場します。想定外を想定していないこと、つまり過信によって被害拡大と回復の遅延が生じるわけですから、幾重にも「控え」を取っておくことで、まさに被害を最小に（減災）、そして復活を早める（復興）ことができるのだと思います。

「仕事は段取り8割」と言われますが、まさに「バックアップ」「控え」が十分あるかどうかで、まちの成長や魅力の成否の8割は決まるのではないでしょうか。本項ではその「バックアップ」を「人」と「もの」そして簡単ではありますが「金」と「情報」の4つに整理して、被災地の情報をもとに記したいと思います。

「人」によるバックアップ

多くのボランティアの好意と行動力が被災回復の一助になっていることは間違いありません。

内訳も多種多様で、ボランティア団体に登録する人、朝に社協に直接並ぶ人、知人がいる、自分とゆかりがあるなどがあります。現地に行かずとも日常生活で可能な支援もあります。ただ実際には被災地や被災者と関わりを持ちたいと思っている人は多いのですが、きっかけがない、必然性が無いので、一部の積極的な人以外の方々は、なかなか腰が上がらないというのが現実もあるようです。鎌倉の七里ガ浜の自治会は宮城県七ヶ浜町を支援していますが、きっかけは自治会関係者がたまたま支援に行った場所の地名が似ていることで、今でも支援を続けているそうです。きっかけがあれば人は動きやすいということです。これは裏を返せば姉妹都市でも連携都市でも、何かしらのきっかけとなる関係構築が大切だということで、それによって潜在的ボランティアの大規模な支援が可能になるのだと思います。

次に支援の具体としての技術やノウハウの支援を考えなければなりません。被災地が必要としている技術は刻一刻と変化します。最初の数ヶ月は衣食住の応急処置や瓦礫撤去など、単純な基本技術のニーズが大きいです。また、被災地ニーズと支援技術のマッチングという「お見合い」技術もまた必要になります。また地震半年後ぐらいから少しずつ住居移転や、集落再生などの将来の生活を構築するまちづくりニーズが増えてきます。現地の事情からすると、一つの特化技術よりも暮らし全般を網羅する総合的技術の方が重宝され、一人数役こなせるような人材が必要になります。基本技術と総合的技術の人材をいかにしてストック及び集められるかが大切になってくると思います。

「もの」のバックアップについて

「もの」があって環境が生まれます。「もの」に意味を見出すことで、価値が決まりますが、今回はその「もの」が失われてしまいました。

まず被災直後は衣食住に関する「もの」が必要になるわけですが、この準備として、ストックは当然ですが、先述の「人」のバックアップがあれば、なんとか物資は確保できそうです。ただ問題はそれを運び、配布する流通システムとそのエネルギーの確保です。一般的には陸路、空路、海路などがありますが、今回は備えていたそのほとんどが断たれ、更に燃料不足が重なり、早期回復どころか更に状況を悪化させてしまったと言えます。「控え」としては3つ路を太くする、または同等の路を新設するよりも、非効率的ではありますが、非階層的でフラットな細い網目状の路を整備し、通行路の選択肢が増えるようにすべきだと思います。太くても限られた路は、それが使えなくなると機能不全に陥りますが、網目状の路であれば、状況に応じた工夫よって、最悪の状況は避けられると思います。近代において無理、無駄、斑を排し、シンプルな明快さを求めてきた社会風潮からすると逆行しますが、それがむしろ災害に強い「控え」をつくることになるのだと思います。

図1 | 鎌倉市七里ガ浜が宮城県七ヶ浜町を支援
鎌倉市の七里ガ浜団地の自治会は宮城県の七ヶ浜町を支援しています。
きっかけは自治会員が支援活動に赴いた場所が偶然七ヶ浜で、
地名が酷似していることにご縁を感じ、帰京後に組織的に支援を開始。
2012年1月現在、団地内の商店街、幼稚園なども巻き込んだ
大規模な支援活動となっている。

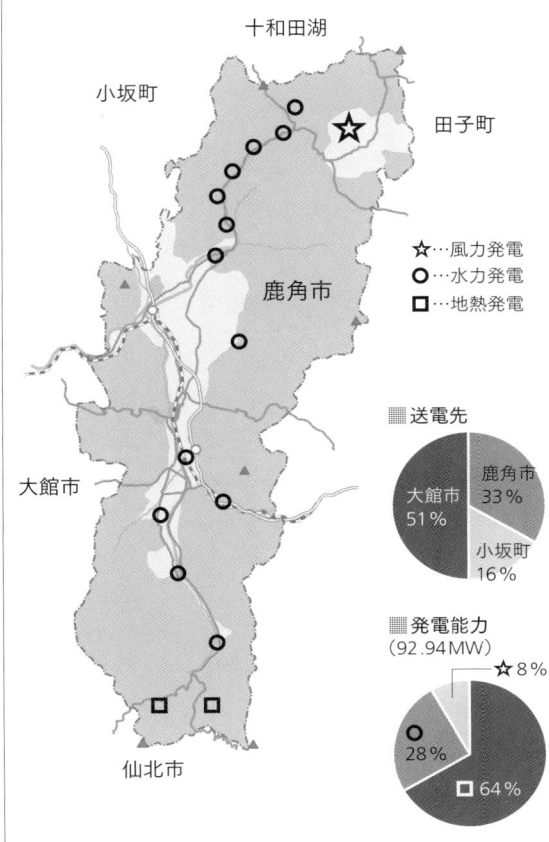

図2 | 鹿角市の自然再生エネルギー発電状況
秋田県鹿角市は自然再生エネルギーで市内はもとより、
隣接市の電力の一部もまかなっている。国内に同じような自治体は
52もある。また2010年時点での日本の地熱発電のポテンシャルは
3300万KWで世界第3位だが、実行は53万KWにしか満たない。
地形や法規制による制約が厳しいためと言われている。

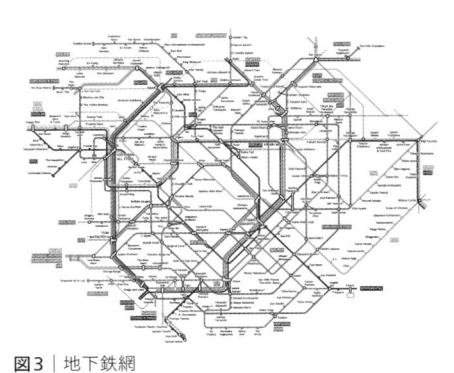

図3 | 地下鉄網

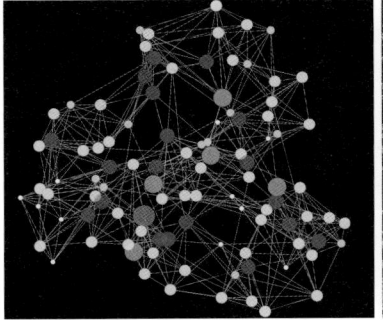

図4 | 複雑系ネットワークモデル

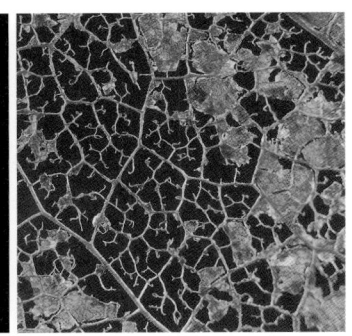

図5 | 葉の葉脈(顕微鏡拡大)

ノードとエッジで表されるこれら網目状の構造は平時において階層をもたず、
条件を与えることのよりその都度、最適解を導き、その条件の差によって解に偏りがでにくいことが特徴です。
また一部ノードが破損しても、その解のレベルが著しく低下しないことも特徴で、外部環境からの攻撃には強いが、
パソコンのウイルスのように内部環境に入り込んだ因子からの攻撃には弱い傾向があります。

また、そもそも大規模な流通に頼らない、自給自足や地産地消に代表される地域調達力を増やすことも有効だと思います。特にエネルギーは今回、大規模な送電システムの破綻によって相当なダメージを受けました。秋田県鹿角市は自然再生エネルギーによって市内はおろか隣接他市もまかなっており、その適度な互助関係こそがバックアップとして有効だと考えます。

ほとんどの「もの」は時間こそかかりますが、支援によって入手可能だと思います。ただ土地は少し様子が違います。土地は将来の生活を構築する基盤として最も重要な「もの」だと思います。南三陸町では集落内に契約会という行政や自治会とは別の組織があり、漁師で構成されていますが、山の土地を所有しています。かつては自宅の屋根材や冬の薪などを生産していましたが、現在はその役目を失い、放棄されがちのようです。今回、歌津ではその山への集団移転も検討されているそうです。また気仙沼でも同様の仕組みは存在しており、今一度、この土地を「控え」として位置づけ、現代的利用を探り、管理の再開を検討してはどうでしょうか。

今回、遠距離の移住を強いられているケースもあります。福島第一原子力発電所の警戒区域内の住民の方々です。町ごと福島県内の他町や埼玉県に強制的に集団疎開していますが、これは歴史的にレアケースかと思えばそうでもない。噴火に伴う三宅島の集団移転や、災害ではないが太平洋戦争中、小笠原村父島、母島、硫黄島の全島民の強制集団疎開など、実は近代史の中でいくつか経験しています。しかし、後に戻ることが許されてもほとんどの住民は戻れなかった事実があり、父島は23年間の空白から、元々の島民の1割しか帰島できなった。疎開先の仮の生活は長い年月の中で仮ではなくなってしまったのです。元々のコミュニティの維持など努力は必要ですが、それ以上に現実が蓄積されることは避けられない。奈良県十津川村と北海道新十津川村に代表されるように村を分けて遠距離に集団移転しているケースもあります。今年、台風で被災した奈良県十津川村を支援しているのはかつての仲間の北海道新十津川村です。残る/残らないという二項対立的な考えではなく、関係のある仲間が住む二つの土地という、「控え」のある土地システムとして、肯定的に位置づけていくことも大変重要だと思います。

「金」と「情報」のバックアップについて

「金」の面では、記名の民間支援が注目されました。失った船や漁具購入の資金調達のためにファンドが立ち上がり、投資者には将来の海産物を先行して購入できる権利などが与えられています。三陸の良好な漁場からしても、かなり確実性の高い投資ではないでしょうか。まだ一部でしか実行されていないようですが、これは強力な資金援助になると思います。

一方で地価の下落問題があります。住まいが津波などで被災している場合、建築制限によって地価が下がり、移住も住居建替も経済的に難しくなります。雇用の創出は日常の生活費だけでなく、借金返済という将来の住みかにも多大の影響を与えています。

「情報」の面では、自治体の基礎データの保存方法が懸案事項だと思います。大槌町や陸前高田町は庁舎が津波に流され、住民や管財データを失いました。後日、泥だらけのサーバーからデータを復旧できましたが、被災直後の被災者数や避難者数の把握、避難所の設置状況や支援物資の配布状況の不透明さ、そして誤報による不安助長など、支援活動の足かせになってしまったことは事実です。

津波の届かない立地へのサーバー移設は当然ですが、他方、集中管理によるリスクヘッジとして、サーバーの分散配置、またはネットワークを活用したデータの分散化など、一元管理ではなく分散管理も検討すべきだろうと思います。姉妹都市や連携都市とのお互いに持ち合うシステムも考えられるかもしれません。

「バックアップ」をつくるということ

「バックアップ」つまり「控え」についての方針や指針的なことを記してきました。ここで全体に通じて感じていることは、一極集中、一元管理など効率的で分かりやすく無理や無駄のない方針は、ある意味において常識化していましたが、ここに来て曲がり角を迎えており、次のステップが必要だと思います。原発しかり、津波しかりです。

電力会社はいつ来るかわからない自然災害に対して、数億のコストを掛ける判断は分かっていてもできなかったそうです。つまり事故は起こるべくして起こってしまった。おそらく津波対策についても同様なことがあるのではないでしょうか。きっかけが必要だと思います。

今、出来ることはもちろん反省ですが、幸いにもこれをきっかけにして再構築する機会を得ました。将来への備えに対してコストを掛けられるタイミングは今しかありません。ボトムアップで分散型のバックアップシステムは非効率かもしれませんが、将来の安定性を担保させる可能性があるはずです。想定外に対応できるよう、一段階進化した新しいまちづくりのコンセプトを期待したいと思います。

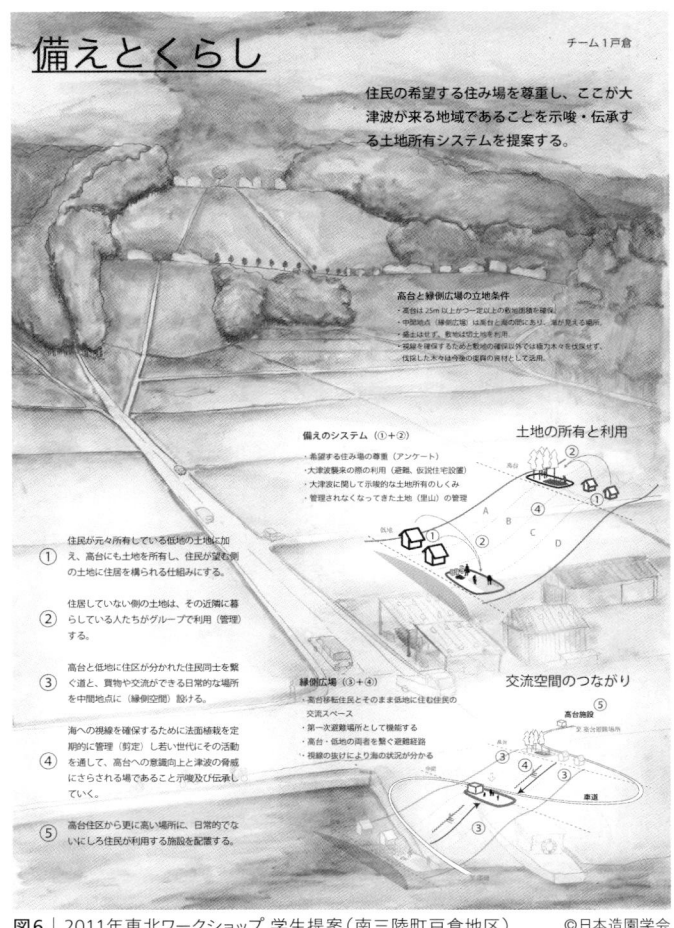

図6 | 2011年東北ワークショップ 学生提案（南三陸町戸倉地区）　©日本造園学会
海の近くと高台にそれぞれ土地を所有し、
日常の暮らしの中で各々有効活用します。
災害時には、避難場所、仮の暮らし場所、仕事の作業場所など、
各所の立地条件を活かした使い方を可能にします。

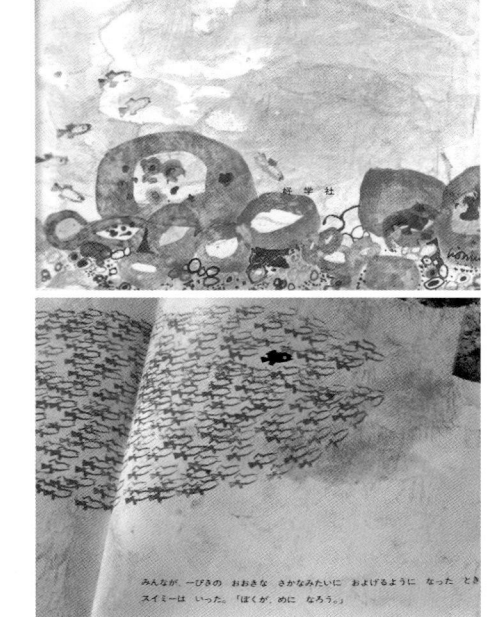

図7 | 絵本「スイミー」　©好学社出版
小単位を集積させて全体像を
つくるスイミーは柔軟性に富んでいます。
例えば、全体像を残しながら分割化して
小単位の集まりにするアイデアはどうだろうか。

図8 | 漁師支援のための
ファンドレイジング

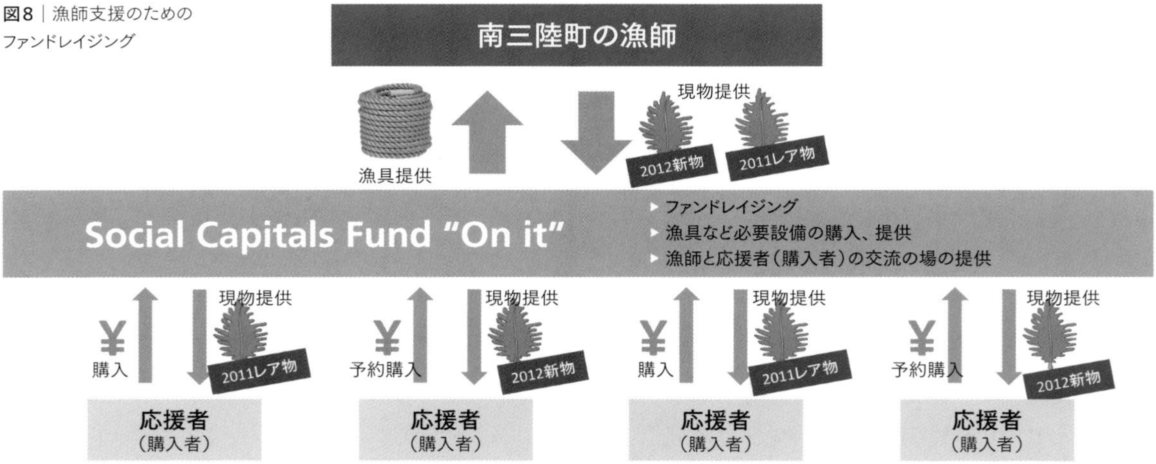

©Social Capital Fund "On It"

新物わかめの先行予約券等を販売して調達した資金で、養殖再開に必要な漁具を提供します。
漁師と購入者の交流の場を提供し、人間関係も構築します。

3-8 地域資源の新たな活用を通じた風景の自立

観光振興からの復興まちづくり

地域資源の再発見と新たな活用

1. 地域のランドスケープ資源活用による復興

復興にあたっては、地域の優位性を活かし、将来にわたって持続可能な産業を興すことが望まれます。また、東日本大震災の場合、沿岸部に限らず内陸部も含めて、東北地方全体が活性化することを考える必要があります。

ランドスケープ資源を活用した観光は、労働集約型の地場産業であり、雇用創出効果が高く、復興の早い段階での経済的な手掛かりとして有効であると言われます（西村 2011）。観光は、裾野が広く、地域の自然環境の保全に欠かせない農林漁業ともつながります。平成21年度の旅行消費にともなう国内産業への直接効果は21.3兆円（平成23年度観光白書）で、さらに波及効果を含めると経済効果はかなり大きくなります。

2. オルタナティブ・ツーリズムへの期待

オルタナティブ・ツーリズム（もう一つの観光）は、ランドスケープ資源を対象とした観光旅行の進化形であり、復興のためのキーコンセプトです。この新たな観光の概念は、マス・ツーリズムへの批判から生まれました。新たな観光では、地域固有のランドスケープ資源を損なわないように活用し、利益を地域に還元します。エコ・ツーリズムを代表とするこの新たな観光は、住民らによる地域資源の再発見（宝探し）、地域資源の保存と活用のための計画づくりと実践、地域ブランドの形成と産業化へと、段階を踏んで進められます。その過程で、地域への愛着が育まれ、住民、ガイド、事業者、行政などの人の交流が促されることにより、地域を活性化させる効果を高く期待することができます。

3. 地域資源の宝探し──広域的視点

広域的視点は、各地に散在する多様な地域資源を紡ぎ、ツアーに物語性を付与するために有効です。東日本大震災で被害の大きかった岩手県、宮城県、福島県の太平洋に面した市町村を例に、大地の遺産を楽しむジオ・ツーリズムの視点で地域資源を俯瞰してみました［図1］。

岩手県宮古市よりも北は、隆起地形で、断崖絶壁の海岸です。岩手県田野畑村にある北山崎は、高さ200mの切り立った断崖が8kmにわたって続く、日本屈指の景勝地です。鵜の巣断崖や浄土ヶ浜などの見所もあります。

岩手県宮古市から宮城県石巻市辺りまでは、沈降地形のリアス式海岸で、水深の深い入り江が多くなっています。気仙沼などの大規模な港があり、漁業が盛んです。松島は、丘陵の端が沈水してできたリアス式海岸がさらに沈んだ沈降地形で、溺れ谷に海水が入り込み山頂が島として残った多島海で、日本三景の1つです。

石巻湾や仙台湾は砂浜海岸です。仙台湾に臨む平野は、標高0〜10mと低平で、自然堤防、後背湿地、旧河道等の微地形が見られます。海沿いには浜提列が並んでおり、人々は微地形を読んで、集落を形成し、農作物を育ててきました。屋敷林である「いぐね」や、防風・防潮のための海岸林といった地域固有の景観が見られます。

福島県沿岸は、海岸部まで丘陵地となっていて主に海岸段丘が発達しており、所々に砂浜があります。なだらかな地形のため、海水浴場や海釣りに適しています。

このような地域資源の把握をもとに、地球のダイナミズムにより形成された大地と、人々の生活文化を理解し、地域の自然の保全と持続的な利用に貢献する新しいツアーを企画することができるだろうと思います。

4. 災害の経験を伝えるツーリズム

ツーリズムを通して、災害の経験を次世代に伝えることもできます。例えば、阪神・淡路大震災の被害を受けた神戸市新長田では、震災のまちであることを肯定的に捉え直し、修学旅行の誘致に取り組みました。商業者の模擬体験や、震災の話のインタビューを通じて、生徒たちに感動を与えています（鳴海 2011）。阪神・淡路や中越では、「災害の語り部」が生まれ、災害の経験が語り継がれています（鳴海 2011）。

中国の四川大地震の被災地では、被災したまちそのものを災厄を記憶するための地震遺址博物館として保存し、国内外から多くの人々を受け入れています。被災した状況をそのまま保存することは、住民にとって苦渋の決断をともないますが、次世代に自然災害の脅威を伝えるためには効果的と言えます。

復興の風景像 | 地域資源の新たな活用を通じた風景の自立 | 3-8 | 123

隆起地形
海岸線は断崖絶壁であるが、上部は平坦な台地。

北山崎
（写真：Junpei Satoh氏、Wikipediaより）

北山崎
鵜の巣断崖
浄土ヶ浜

リアス式海岸（沈降地形）
水深の深い入り江が多く、台地はほとんどない。大規模な港があり、漁業が盛ん。

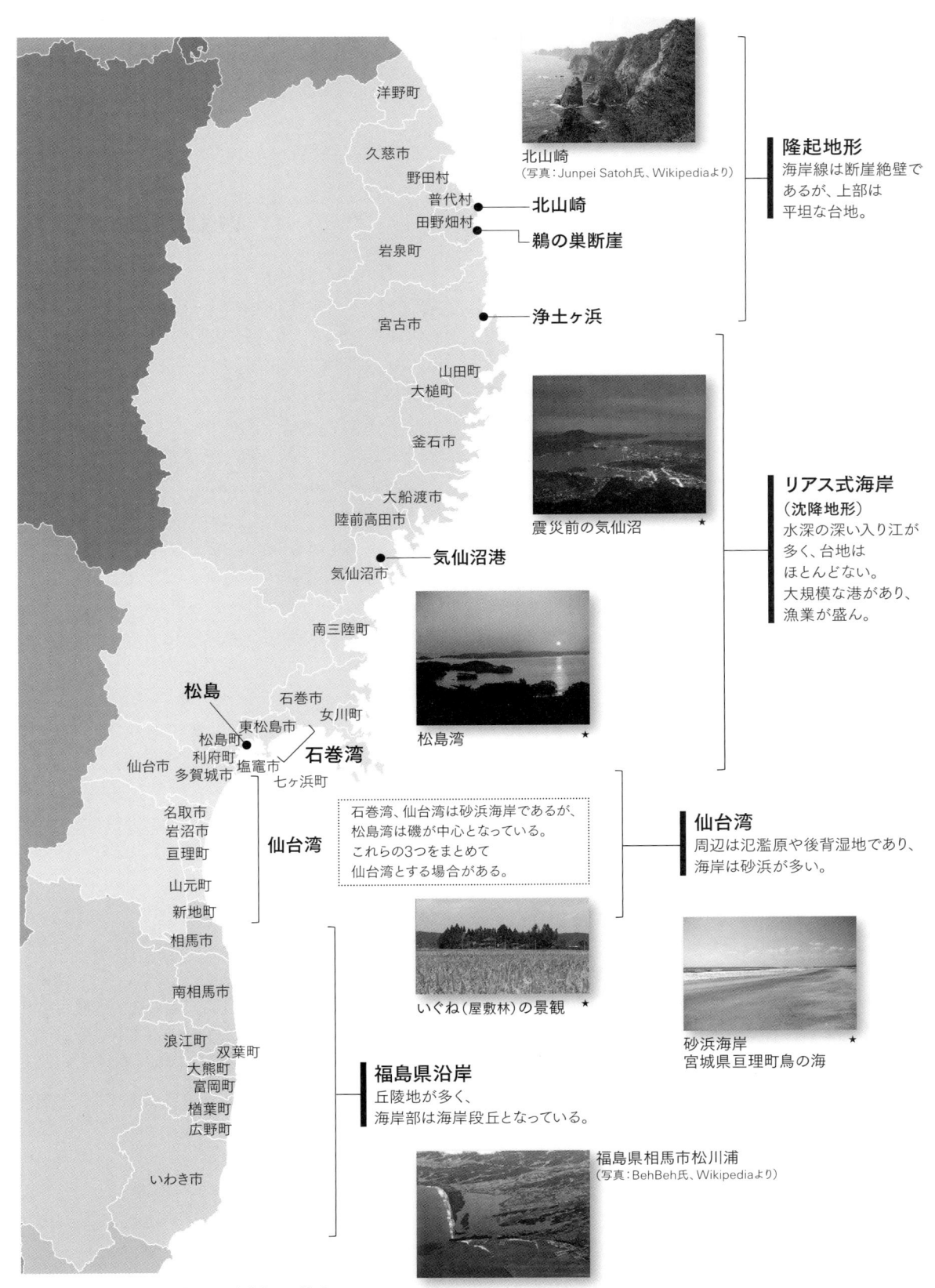

震災前の気仙沼 ★

気仙沼港

松島
石巻湾
松島湾 ★

石巻湾、仙台湾は砂浜海岸であるが、松島湾は磯が中心となっている。これらの3つをまとめて仙台湾とする場合がある。

仙台湾
周辺は氾濫原や後背湿地であり、海岸は砂浜が多い。

仙台湾

いぐね（屋敷林）の景観 ★

砂浜海岸
宮城県亘理町鳥の海 ★

福島県沿岸
丘陵地が多く、海岸部は海岸段丘となっている。

福島県相馬市松川浦
（写真：BehBeh氏、Wikipediaより）

図1｜ジオ・ツーリズムの視点による地域資源の俯瞰
（作図：Landscape Revival Projectメンバー）

★ 写真提供：宮城県観光課

東北では、豊富な森林、海洋資源を活用した自然再生エネルギーや、医療や健康などを核とした新たな産業拠点の形成が模索されています。災害後に立ちあがった新産業をツーリズムの対象とすることにも、大きな可能性を見いだせるであろうと思います。

風景の自立と再構築

1. 風景の自立とランドスケープ資産活用の視点

地域のランドスケープ資産は人々に育まれ、誇りとなり、生活や暮らしに根付いたものになっていました。近代以前のランドスケープと人との関係について、柄谷行人は「風景としての風景はそれ以前には存在しなかったのであり、そう考えるときのみ、『風景の発見』がいかに重層的な意味をはらむかをみることができるのである」（日本近代文学の起源：講談社、1980）と述べています。近代化の進展と共に、ランドスケープ資産は資本に包摂され、いわゆるマス・ツーリズムに飲み込まれていきましたが、被災地の復興に向けては、ランドスケープ資産の再構築が大きな力となると考えられます。

2. 復興に向けて着目すべき3つの資産

今後の復興に向けて着目すべきランドスケープ資産として、次の3つがあげられます。

①被災を免れたランドスケープ資産

三陸海岸景勝地や松島湾などの自然資産、宮戸島の貝塚などの歴史資産、仙台市荒浜地区の鎮守の森や「いぐね」など生活文化資産の一部は軽微な被害で残されています。被災を免れたこれらのランドスケープ資産は、地域の記憶を継承する復興の足がかりとなります。

②つながりを構築するランドスケープ資産

被災地では、「海と山のつながり」、「町と里のつながり」、「町と海のつながり」など、地域やランドスケープ資産のつながりを強める取組みが進められています。気仙沼市で震災前から進められていた『森は海の恋人運動』が平成23年6月に第23回植樹祭として取組まれています。松島町では、蜂蜜や鶏卵などの里の産品が町でカステラに加工され、地域の新たなブランド商品化とする取組みも始まっており、空間のつながりが形として現れています。

③地域の知恵から生まれたランドスケープ資産

田植えの歳時記に語られるサクラの開花、漁業の安全を祈る岸壁の注連縄など、地域が継承してきた知恵は「ケシキを見る」[註]という言葉に代表されるように、地域の生業とランドスケープの間に地域固有の意味づけがなされており、目に見える形で継承されています。さらにそれぞれの地域でランドスケープをつくりだしてきた「知恵」は、他の地域のどこにもない、そこに住む人々がつくりだしたものであり、これこそが最も重要なランドスケープ資産といえます。

3. 新たな取り組みの萌芽

被災地ではランドスケープ資産を脱構築する新たな取組みが芽生えています。

松島町では、2011年8月14日からの3日間、供養行事としての原点に回帰した「松島 流灯会 海の盆」が開催されました。祭りのテーマは「松島の海に鎮魂、そして希望の灯りを点す」ことで、「昔はお盆に海岸に出て祭りで踊ったり、太鼓叩くのが楽しみだった」おばあちゃんの思いを若手商店主などで構成される実行委員会で復活させました。

このように、ランドスケープ資産への原点回帰を含めた取組みの展開が重要となります。

4. 復興に向けた今後の展開

ランドスケープ資産活用の展開で、重要な視点は「人」の繋がりを基礎とすることです。

①資産を共有する

地域に残るランドスケープ資産には、文書に記録された史実だけでなく、口承で伝えられる説話や謂われも数多く残されています。地域に伝わる謂われなどを「話す人」と「聞く人」、さらにそれを「記録する」人と記録を「伝える」人の交流が、被災地の心の復興と新たなツーリズムを生み出すことが期待できます。

②地域の知恵に学ぶ

海では、魚を捕る知恵を子どもたちに見せることを通じて、海の資源と資源を育む環境へのつながりを学ぶ取組みが被災前も進められており、各地でこの取組みの再開が待たれています。ここでは海の知恵を「見せる」人と、自然環境に関わる労働を「体感する」人との間に新たな学びの絆が生まれ、持続可能なツーリズムの展開への可能性を見出すことができます。

③物語で紡ぐ

奥の細道など、被災地では紀行や文学でランドスケープ資産を繋いできた歴史を持っています。

海―里―山をつなぐランドスケープ資産を次代に継承するため、ランドスケープ資産に光をあてる新しい「物語」を紡ぎだすことによって、人々の往来を復興することが期待できます。

●註

1　漁業者が漁業を行う際に風の吹き方などを含めて自然現象を理解しようとする知識と技術の体系化を意味する用語（安室知：日本の民俗1：海と里）

| 復興の風景像 | 地域資源の新たな活用を通じた風景の自立 | 3-8 |

● **ランドスケープ資産の活用**──自然と暮らしの風景

古来、人は東北の地を訪れ、風景を記録し、伝えていった

万葉集
安積山（あさかやま）、会津嶺（あいづね）などが歌枕に

1088（寛治2年）
源義家、陸奥の勿来（なこそ）の関で歌を詠む

1702（元禄15年）
松尾芭蕉、東北・北陸を巡り「おくのほそ道」をまとめる

1851（嘉永4年）
吉田松陰「東北遊日記」

1899（明治32年）
幸田露伴「遊行雑記」

1906（明治39年）
長塚節「白甜瓜（しろまくわうり）」石巻街道の紀行文

1951（昭和26年）
高村光太郎「みちのく便り」

1980（昭和55年）
吉村昭「旅に出る」

2011.3.11

ランドスケープの再生
- 記録する
- 共有する
- 記憶する
- 物語を紡ぐ

LIVELIHOOD 生産する ── 享受する TOURISM

ランドスケープ資産の継承

3.11を風景に記録する
（津波到達ラインに桜を植えることなど）

時間・空間を共有し、記憶する
（松島灯流会、海の盆など）

東北の美しい海・山・里・まちを継承する

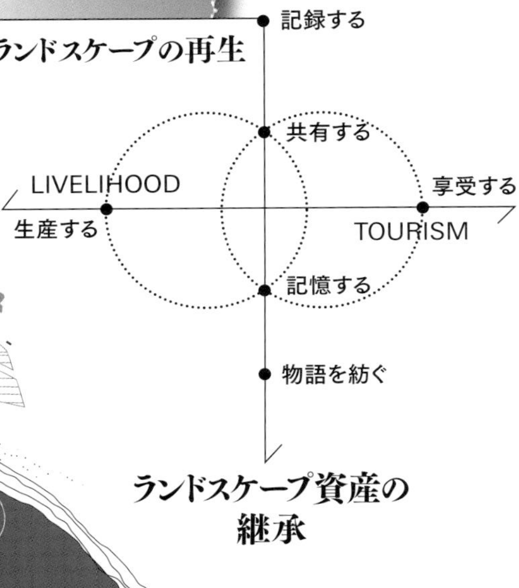

震災復興の長期的展望と実践にむけて

森山雅幸 | 公益社団法人 日本造園学会東北支部顧問

震災の日から震災復興へ

　東日本大震災は、三陸沖を震源とする海溝型地震によって、岩手県沖から茨城県沖までを震源域とするきわめて広範囲に及ぶものでした。そして地震に伴う津波から被った被害は、経済的・物質的なものから非経済的・精神的なものまで、その大きさと範囲、そして深さは計り知れません。また一方では、福島原発事故による目に見えない放射能汚染と被ばくなどの被害が、事故の発生から9ヶ月経ってもなお、収束の目処がつく気配がありません。福島の汚染された地域が抱える除染、避難そして農・畜・水産業界への風評や食品安全管理等の様々な問題対策は、遅々として進んでいないのが現状です。

　今回の想像を絶する災害への対応は、日本の国土と文化に培われてきた人と自然との共存の歴史を紐解き、ランドスケープ・フィロソフィーの視点から長期的かつ広域的に見直す必要性が求められています。日本造園学会は、ランドスケープの再生を通じた復興支援のために、震災直後から日本造園学会・東日本大震災復興支援調査委員会を設置しました。10チームによる第一次調査の成果は、ランドスケープ研究Vol.75, No.3の特集号に掲載されています。また、複数のチームによる第二次調査もすでに実施されています。自然・人・生物にとって安全で快適な生活環境づくりを専門分野とする本学会においては、この東日本大震災を新たな契機とし、日本の国土ばかりでなく近隣諸国への影響や、新たに生じる可能性のある諸環境問題に対して、いま一度平成17年の学会ビジョンに立ち戻り、長期的な対応を行なうための心構えが求められています。

復興への今日的課題――今を生きる――

　震災の発生から9ヶ月が過ぎた被災地では、東北の初冬を知らせる冷たい季節風が吹き始めました。海風に晒される高台や浸水区域に隣接し、断熱・暖房構造が不十分な仮設住宅で生活する被災者の方たちは、「いま」を生きるための生活基盤となる仕事、住環境、健康管理、社会福祉、医療、教育環境への不安や、行政支援等に対する不信感が時間の経過に伴って次第に強くなってきています。

　平成23年6月に公布・施行された復興基本法は、震災復興の推進に向け、活力ある日本の再生を目的とし、東日本大震災によって生じた原発事故、復興特別区域制度、復興庁に関する基本方針を定めています。復興の基本理念のなかでは、①被災地域の住民意向の尊重と多様な国民意見の反映、②少子高齢化、人口減少を見据えた社会経済活動進展への対応、③地震その他の災害の防止効果が高い安全な地域づくり、④被災地域の雇用機会の創出と活力ある社会経済再生、⑤地域文化の振興と地域社会の絆の維持および強化を重視しています。同時期に国の復興構想会議がまとめた「復興への提言」では、災害時の被害を最小化する「減災」の考え方が明記されています。それは、津波が防波堤や防潮堤によって物理的に防御できるというこれまでの土木的考え方の限界を知り、被害をいかに少なく抑えられるかを目的にした防災への新たな考え方を意図したものです。

　また、被災した各市町村において震災復興計画の策定を目的とした委員会が設置され、地域の被災状況把握と被災した住民からの復興まちづくりへの意見調査に基づく復興計画を概ね10月をめどに取りまとめています。

　長期的復興に向けたゴールの源には、地域住民の「いま」を生き抜くエネルギーの持続が重要です。そして、生活を立て直すための人と人との絆づくりや被災地と非被災地間のペアリング支援等には、被災された方々の安心・安全な日々の生活が送れる場を築くための行政的支援および住民の要望に応えられるリーダーシップを持った施策が求められています。

ランドスケープ再生へのデザインイメージ

　本節におけるデザインイメージの意味は、計画・設計するプロセスの中でかかわりを持つ、自然的・社会的・景観的環境条件のすべてから導き出される視覚的・心象的・思考的なものです。被災した三陸のリアス式海岸は、小さな漁港や海辺の居住地が多く点在し、地理・地形的条件が異なるために多様な地域特性を持っています。従って、集落・漁村・まちの数だけ異なる地域固有の歴史文化とそこに住む人たちの地域への愛着があり、その数だけきめ細かで実践的な復興計画が必要です。

　地域を大切にしたランドスケープ再生には、科学的な裏づけによる調査研究の研鑽と同時に、地域の風土を感じ

読み取る直感と、命の尊さを慈しむ心がデザイナーに求められます。ランドスケープの再生による震災復興への長期的展望は、「いま」を生きる力の根源となる地域産業、そしてその場所で生活し続けたいと願う人々の土地への愛着、そして地域における価値観の正しい認識に裏付けされたデザインイメージから生まれるものだと私は考えています。

● **海辺の緑によるランドスケープ再生**

三陸海岸の風景を甦らせるランドスケーププラニングは、地域性を感じる風景の「甦生」として、海岸植生の構成樹種を主体とした植栽デザインの再検討からアプローチできます。従来のマツを主体にした防潮林の再生には、津波に対する耐性を考慮したタブノキ・ヤブツバキ・エノキ・ハンノキ等の常緑・落葉広葉樹の混植による津波緩衝グリーンベルトづくりが考えられます。また、浸水区域の新たな土地利用における海岸オープンスペース等の計画には、懐かしさと新しさのバランスに配慮した郷土植物の利用や配植によって、時間的・空間的生育スケールに合わせた中・長期的なランドスケープ再生へのデザインイメージが重要となってきます。そして、地域性を大切にした植栽デザインは、農村景観を構成するイグネ、歴史的景観を形成する旧街道沿いの松並木、天然記念物・文化財、民俗・伝統文化等を含めた文化的景観の再生を可能にします。

● **地域の防災ランドスケープ**

沿岸部の漁村や小集落の空間構造は、被災時の避難ルートや避難時間に大きく関わる重要な条件となります。地域の地形的空間構造のタイプとして、①海岸線と丘陵地・山地に挟まれた平坦地の面積・形状・標高差等のスケール把握（南三陸町志津川・宮古市姉吉）、②避難場所となるランドマーク的建築物裏手への誘導システムとスペース確保（松島町瑞巌寺）、③海岸から高台までの距離、視覚的開放性や主要道路の方向性（石巻市渡波・亘理町荒浜）等が、津波災害時の避難方向の視覚的認識や上りこう配の避難ルートに関連性の高い重要な要因となります。従って、日常生活の中で住民が居住地の地形的空間構造を理解していことは、緊急時の避難方向や高台の避難場所を無意識にイメージし、短時間かつ最短距離の避難につながると考えられます。それと同時に、「てんでんこ」「ここより下に家建てるな」等の三陸沿岸部の地域（釜石市鵜住居・気仙沼市大島）に言い伝えられてきた津波への教訓は、将来を担う子供たちの津波防災対策・教育にとって、忘れてはならない大切な言葉として再確認されました。

● **多重防御施設としての道路ランドスケープ**

仙台市の沿岸部を走る仙台東部道路は、今回の津波

写真1（上）｜被災を免れた仙台市冒険遊び場と被災したイグネが残る農村景観
写真2（中上）｜南三陸町歌津地区の高台に建設された仮設住宅
写真3（中下）｜松島町の海岸植生。アカマツと落葉広葉樹の混交林が生育している
写真4（下）｜気仙沼市大島亀山から見た被災前の唐桑半島の小さな漁港と集落

に対する堤防機能を発揮し、避難場所あるいは内陸部への浸水を軽減したことから、多重防御施設としての機能が高く評価されました。従って、堤防機能に配慮した盛土造成による道路整備は、土木工学的な道路線形と構造的強度が必要と言えます。また同時に、地域景観に調和した道路ランドスケープは、エコロジカルなのり面緑化や沿道植栽等によって多機能性を持たせた、安全で広域的な防災道路ネットワークのデザインを考えなければなりません。宮城県亘理町・山元町の海沿いの旧街道として知られる「浜街道」は、慶長津波の浸水域と今回の浸水域から内陸にあって被災を免れたことから、歴史から学ぶ地形を重視した道路配置や経済的効果等に対する検討の重要性が確認されました。

● 防潮堤整備と後背地の景観デザイン

新たな防潮堤整備については、従来の土木的な計画条件や周辺環境に配慮した防潮堤のかさ上げ高の見直し、海辺の農村景観のイグネや歴史的景観が一体となった貞山運河周辺の文化的景観保全等に配慮したランドスケープデザインが地域住民から要望されています。しかし、地域の歴史風土や地域住民が慣れ親しんできた文化的景観に関するアンケート調査やヒアリング調査等は始められたばかりです。地域の要望が汲み取られないままの復興計画の立案は、貴重な地域資源の枯渇や懐かしさを感じる風景の再生からかけ離れた異質の景観になる可能性が高くなります。

震災復興に向けた沿岸部の新たな復興まちづくりには、土地自然を永続的に保全しながら地域の健全な環境づくりを考えるランドスケープ分野と防災機能・構造を専門とする土木工学分野との共同研究・技術協力等による新たな手法開発の必要性が高まっています。

美しい東北の海辺のランドスケープデザインに向けて

これからの沿岸部におけるランドスケープの再生は、地域固有の伝統的技術・知恵・体験を活かし、土地自然に適応した生態学的土地利用や郷土樹種を用いた海岸林植栽等によって、地域のアイデンティティー・文化的景観・生物多様性等を継承するためのデザインが求められます。長期的な復興計画に関わるランドスケープ分野には、これまでの人間中心の価値観から自然と共存するためのデザインフィロソフィーを持つリーダーシップと同時に、地域計画における広域的土地利用計画のプランナーとしての役割を担うことが期待されています。

写真5（上）｜仙台市若林区の貞山運河と倒壊した海岸クロマツ・アカマツ林
写真6（中）｜七ヶ浜町菖蒲田海岸公園に隣接した津波被害を受けた防潮堤と背後の海岸クロマツ林
写真7（下）｜東松島市野蒜海岸の地盤沈下で生まれた湿地に群れる渡り鳥

歴史の中で幾度となく繰り返されてきた災害を乗り越え、東北の文化を生んだ森・里山・里地・海は、再び長い時間をかけてこの災害から回復し、以前のようにそこで暮らす人々にとって自然の豊かな恵みを受ける場所になることを願っています。そしてまた人々の悲しみや精神的な痛みは、慣れ親しんできた懐かしいふるさとの風景・ランドスケープの再生によって癒される日が来ると信じています。その日に向かって、東北の地に住むランドスケープアーキテクトの一員として、本学会の方々と共に長く続くであろう震災復興に携わりたいと考えています。

復興の風景像

復興の風景像

用語集 | 本書に使用されている専門用語の解説

※ ⊃の数字は用語が主に用いられた節番号を示す

あ行

営造物公園 ⊃3-6
国や地方公共団体が土地の権原を取得することによって設置される公園のことで、都市公園法に基づいて設置される公園の大部分はこれに相当する。土地利用の目的が明確であることから管理しやすいという利点がある一方、公園全体が都市施設として規定されるため、その利用方法や隣接する他の土地利用との連携において柔軟な対応が難しいとされる。

エコロジカルプランニング ⊃3-1
生態的土地利用計画、地域生態計画という。自然界の循環系のことを生態系、その学問体系を生態学ということからこの計画原理が誕生した。I.L.Mchargは著書Design with Natureの中で方法と理念を示した。地質・水理・自然地形・気象・植生等の自然生態的環境および時系列の土地利用等の社会環境を図化しオーバーレイ分析することで、環境特性を明確にした上で地域に適応・調和した計画を立案する計画手法をもつ。

エムシャーパーク ⊃3-6
ドイツ北西部のルール地方を流れるエムシャー川流域の約800km^{2}の範囲において、衰退した第二次産業の生産施設や炭坑などの歴史的遺構を保全しつつ、環境浄化と自然再生、さらには居住環境整備までを実施する広域的な土地再生構想である。ツーリズムや民間投資を呼び込み、地域経済の活性化に大きく貢献している。

エリアマネジメント ⊃3-6
地域における良好な環境の価値を維持・向上させるための、住民・事業主・地権者・NPO法人等による主体的な取り組みを意味する。安全・安心な居住環境や魅力的な街並みの整備、豊かな自然環境の保全や伝統文化の継承等をすすめ、少子高齢化社会においても活力と魅力が維持され、高い資産価値を有する地域を形成することを目的とする。

オープンストリートマップ ⊃2-13
Wikipediaの地図版サービス。商用利用も含めて、二次利用、再配布、改変が許諾不要で利用できる自由なライセンスの地図データ共有サービス。無料のアカウントを作成することで、誰でも無料で自由に編集に参加することができる。

オルタナティブ・ツーリズム ⊃3-8
一時に大量の利用者が一箇所に集中し、観光公害などの弊害も指摘されたマスツーリズムに対し、地域毎の特性に応じた資源や環境の保全を基調としながら楽しむ観光行動への転換が1980年代末に提唱された。こうした新たな観光行動を総称するものがオルタナティブ・ツーリズムで、エコツーリズム、グリーンツーリズムなどが含まれる。

か行

海岸林 ⊃2-9
人々が沿岸域で生活を営むために、主に防風・防潮を目的に植林された海岸沿いの森林。藩政時代より植林されたものが多い。日本では全国各地で見ることができ、砂浜と併せて"白砂青松"として捉えられている。本州では主にクロマツで構成され（青森以北ではカシワも多く、三陸ではアカマツが多い）、管理されないとニセアカシアやマツ枯れが蔓延してしまう。樹種構成は元々議論の対象となっていたが、整備後の管理も含めた検討が必要。

外傷後ストレス障害PTSD ⊃1-4
主な症状としては以下の3つがある。①再体験（想起）／原因となった外傷的な体験が、意図しないのに繰り返し思い出されたり、悪夢になったりする。②回避／体験を思い出すような状況や場面を意識的あるいは無意識的に避け続けるという症状及び、感情や感覚などの反応性の麻痺という症状。③過覚醒／交感神経系の亢進状態が続いていることで、不眠（悪夢）やイライラなどが症状として見られる。PTSDやうつなどの症状を引き起こすストレスの閾値（いきち、しきいち／人に障害をおこすストレスの最低値）を上げることにより、ストレスに対する耐性を高められる。

霞堤 ⊃2-9
堤防のある区間に開口部を設け、その下流側の堤防を堤内地側に延長させて、開口部上流の堤防と二重になるようにした不連続な堤防。戦国時代から用いられており、堤が折れ重なり、霞がたなびくように見える様から名付けられた。水の流れを受け止める通常の堤防と比べて、水の流れを誘導する様式といえる。平常時に堤内地からの排水が容易であり、上流で堤内地に氾濫した水を開口部からすみやかに川に戻し、被害の拡大を防ぐ効果がある。

GigaPan ⊃3-2
ギガピクセル（10億画素）相当の高解像度なパノラマ（ギガパノラマ）撮影が可能な機材の一つ。通常のカメラの画角に合わせ、方位角、仰角ごとに分割撮影した画像を撮影し、後処理でつなぎ合わせて作成する。また撮影場所や方位などのデータもメタデータとして管理できることから地理空間情報として利用できる。

クライシスマッピング ⊃2-13
インターネットなど即時性の高い情報通信環境を使い、自然災害や政治的混乱など危機的状況を逐次地図に反映させ、現地の救援や復興を支援する試み。主に、危機的状況を点（POI; Points of Interest）でプロットし共有する主題図作成と、道路などインフラ状況を反映させた背景地図作成の2つに分けられる。

後背湿地 ⊃3-6
沖積平野にある低平・湿潤な地形のことで主に河川に面した自然堤防などの微高地の背後に形成された低湿地をいう。また、海岸の砂丘や砂州、浜堤など海に面した線状の微高地の背後に広がる低湿地も後背湿地と呼ばれる。水稲栽培が卓越した地域では、灌漑排水路の整備によって、良好な農地となることが期待される。

コミュニティ・イグネ ⊃2-3
イグネ（居久根）とは、特定方角からの季節風に対する防風を主な効用にして屋敷の風上側に植えられた林、すなわち屋敷林のことである。イグネは一般に個々の屋敷単位で独立するが、集住が進む集落に対し、防風の効用に加え郷土景観保全、レクリエーションや共同管理作業・資源利用の場の創出、そして里山の生物生息空間として、集落全体を共同体（コミュニティ）共有の林で囲うもの。

コミュニティガーデン ⊃2-7
地域住民によって計画・設置・運営される、地域コミュニティのための庭。ガーデニングや菜園、園芸療法、休憩などコミュニケーションを元にした様々な形態が展開されている。都市公園のような永続的な設置ではなく、公有地や民有地の賃借など暫定利用によって設置されることが多い。

さ行

再生可能エネルギー ⊃2-4
化石資源のように枯渇性ではなく、自然界から耐えず供給可能であり、半永久的に使用できるエネルギーのこと。太陽光、風力、波力・潮力、流水・潮汐、地熱、バイオマス等が該当する。化石資源の有限性対策や、地球温暖化の緩和策、あるいはエネルギー自立性確保などの観点から、近年世界的に投資が進んでいる。

里海里山 ⊃2-4
海から山に至る自然環境のうち、人の手が加わることにより、形成された空間をさす。海浜、干潟、湿地、水田、畑地、草地、ため池、森林など多様な環境がモザイク状に組み合わさることにより、生物多様性の高い空間となっている。その維持のためには人による持続的な手入れが必須であり、農林漁業の再生や、それに代わる新たな管理インセンティブの獲得が求められている。

三陸復興国立公園 ⊃3-4
震災後に環境省が中心となって構想した新たな国立公園。三陸には陸中海岸国立公園ほか、いくつもの国定公園、都道府県立自然公園がある。これらの公園の再編成によって地域の個性や魅力をアピールすることをねらいとしており、地域内あるいは地域間の連携を通して観光地としてのまとまりの創出、地域の活性化、公園資源の保全が期待されている。

ジオ・ツーリズム ⊃3-8
地球科学的な関心を持って見学し、地域の自然についての理解を深める観光。利益を地域に還元することによって、自然の保全や向上に貢献することも目的とする。地球科学的な視点を重視したエコ・ツーリズムの1つと捉えることができる。

震災復興計画グランドデザイン ⊃2-3
グランドデザインとは、長期にわたって遂行される大規模な計画を指す。100年あるいはそれ以上の地域づくりを視野に入れた震災復興計画のこと。被災前の状態に近付け戻すことを必ずしも目標とはせず、幅広い時空間軸の視野の中で地域の振興や持続可能な社会の形成に向けた復興理念や基本的な考え方、そして住民が共有し共に創れる復興ビジョンを指し示すもの。

数値地図 ⊃3-3
地形や道路・河川、行政区域などの地理的な情報をコンピュータで処理可能な形で数値化した地図。主にGISでのベースマップの作成および諸解析に用いられる。代表的なものに、「基盤地図情報」として無償で利用な形で国（国土地理院）が整備を進めているものなどがある。

生態湿地 ⊃2-3
自然現象として数十年〜100年単位で生じる津波によって更新され保たれる、その動態的な姿を重視した海浜性の湿地のこと。地域本来の生物多様性の保護・保全のみならず、有機汚濁の浄化やそれらの生態的機能を学ぶ環境教育の場としても想定される。また、アースワーク的な造形も組み込むことで、人と自然の関係における緊張や葛藤あるいは協調を顕現させる空間になることも期待される。

た行

多元的デジタルアーカイブズ ⊃2-13
既存のデジタルアーカイブ群を横断的に閲覧し、コミュニティによる共同記憶化を可能にする情報アーキテクチャとして渡邉英徳らが2010年に提唱。実装例として「ナガサキ・アーカイブ」「ヒロシマ・アーカイブ」等がある。

地域制公園 ⊃3-6
土地の所有権にかかわらず一定の要件を満たす地域を公園として指定し、様々な開発・改変行為等を規制することにより良好な環境や景観を保持し、その利用を促進することを目的とする公園制度。日本の自然公園制度の基本をなす制度であり、土地の取得を伴わないことから、農林漁業の生産地や社寺仏閣境内などを公園内に取り込むことができる。

トレイル ⊃3-4
自然歩道のこと。三陸復興国立公園では、地域のくらし、震災の痕跡、利用者と地域の人々との交流などを結ぶ長距離トレイルの整備が構想され、期待されている。技術的には、段階的な路網整備の進め方、自然公園制度との整合性の確保、管理体制の構築などいくつかの論点がある。

は行

バイオマスエネルギー ⊃2-4
再生可能な生物由来の資源（ただし化石資源は除く）から得られるエネルギーのこと。間伐材や製材残材から加工されるチップやペレットなどの固形燃料、トウモロコシやサトウキビなどから製造されるエタノール等の液体燃料、生ごみや家畜糞尿などから得られるメタンガス等の気体燃料などが該当する。

バックキャスト ⊃2-11
現時点から将来を予測する「フォーキャスト」とは逆に、未来のある時点を想定し、そこから現在あるべき姿を想定すること。つまり、未来からみた過去である現在を描くこと。津波被災地の復興計画においては、土地の将来像をもとに、護岸の改修手法やガレキの処理方法などの喫緊の課題を考えることが経済的にも地域生態的にも有効な手法と考えられる。

ハビタット ⊃2-3
種あるいは個体群の生息に適した場所、すなわち生息地・生息場所のこと。物理的環境条件が類似する立地では、その条件に適応した生物からなる生物群集が成立するため、そこは特定の立地のハビタット（例えば草原のハビタット、河川のハビタット等）と呼べる。生物群集の空間単位としてのビオトープとほぼ同義に使われる。

浜堤 ⊃3-6
波の作用によって海岸線に打ち上げられた砂礫が堆積することによって形成される線状の微高地で、海面との比高さは数メートル程度のものが一般的である。浜堤は、海岸線に平行して内陸側に複数列形成されることがあり、それらをまとめて浜堤列と呼ぶ。浜堤と浜堤の間は低湿地となることが多い。

バルハン砂丘 ⊃3-1
クロワッサンのような三日月形の砂丘のこと。砂丘は砂の量や風向きによって様々な形態パターンをとることが知られているが、この砂丘は地面を覆う砂の量が少なく、風の方向が一方向の時に見られる。

番屋 ⊃3-3
漁業において、浜や海岸に設けられた漁夫が寝泊りして漁を行うための小屋・家屋。規模は様々であるが日常生活を行う主屋からは離れ、船・漁具の収納や諸作業から宿泊までの機能を持つ。浜小屋などとも類するが、そこで一定の居住が可能であることが特徴である。漁業の近代化で大きく減少したが、現在は持続的な観光・まちづくりなどの観点からの関心も注がれている。

被視頻度 ⊃3-3
見られ頻度、可視頻度ともいう景観工学における分析手法。ある一定地域内の任意の場所が、その地域内に設定された複数の地点（視

点)の何箇所から見えるかの程度(頻度)を示す。通常は数値地図(別掲)を用いて算定し、その地域全体を確率論的に見られ易さ／難さの観点から評価(ゾーニング)するために用いられる。別な用途として、ある山や海などの面的な対象が見える周囲の土地の範囲や見えの程度を求めることも可能である。

フィッシュボーン地形 ⊃2-11
背骨とそこから枝分かれする肋骨がある魚骨をイメージするツリー型の人工地形のこと。平野部海岸地域では、背骨は高台の標高まで達する比較的高い土手、肋骨は背骨周辺にぶら下がる集落への動線である緩い勾配をもった道路がそれぞれ想定される。可能なかぎり自然堤防や微高地をつなぐ「背骨」を想定することが地域環境への「なじみ」という意味では望ましい。

フォトオーバレイ ⊃2-13
Google Earthの機能のうちの一つ。写真を地形に立体的に重層表示することができる。高解像度の写真はGoogle Earthの空中写真と同じアルゴリズムに基づいてタイル分割され、ズーム度合いに応じてサーバから随時ストリーミング表示される。

復興支援員 ⊃2-7
自治体や自治体が委嘱するNPO等から地域コミュニティに派遣され、被災者の見守りやケア、地域おこし活動の支援等を通して、被災地域のコミュニティ機能の維持・再生や地域復興支援に寄与する。集落内での合意形成や、様々な支援をとりまとめ地域に伝えるなど、地域住民と行政をつなげる役割も担う。

ブラウンフィールド ⊃3-6
主に鉱工業の生産施設等が遺棄された土地において、生産ならびに加工の過程を通じて排出された物質によって土壌ならびに地下水の環境汚染が進行した状態をいう。それらの土地の転用にあたっては、土壌の入れ替えや浄化のためのコストがかさむために、不動産としての活用がすすまないことが多い。

プレーパーク(冒険遊び場) ⊃2-5
子どもたちが火を使う、地面に穴を掘る、木に登る、ものをつくるなど、野外での「やってみたい」という想いを実現できる場。賛同する市民が民地の借用や公園の一時使用などで開催する例が多いが、公設によるプレーパークも増えてきている。活動では、その主旨の理解促進と継続性のために「自分の責任で自由に遊ぶ」を標榜することが多い。子ども自身が遊びを通じて生きる力を実感し、育んでいくことのできる環境づくりを重視しており、遊具や遊び場は、遊びを通じた建設と解体が繰り返されることから常に変化し続けている。

プレーリーダー ⊃2-5
子どもたちの自由な遊びを支える大人としてプレーパークには欠かせない存在。プレーリーダーは、近年の社会情勢の下で遊びは規制されがちであるという認識に立ち、①子どもの気持ちを尊重し、②いきいきと「自ら遊ぶ」ことのできる環境を確保・創出することに努め、同時に③子どもたちの遊ぶ機会と遊び場の必要性を社会に発信している。ヨーロッパでは「プレーワーカー」「ペタゴー」などとも呼ばれる。

文化的景観 ⊃3-3
自然環境と人間活動の複合的な所産としての景観の価値に注目した概念。制度的にはユネスコによる世界遺産の文化遺産の一種として1992年に導入され、国内の文化財保護法における文化財の一種類としても2004年に新設された。両者における定義は同一ではないが、農林水産業や鉱工業などの自然資源を対象とした産業が生みだした、生活との関わりの深い景観の価値を評価し保全を目指す点は共通している。

ま行

マッシュアップ ⊃2-13
複数のWebサービスのAPI (Application Programming Interface)を組み合わせて、単一のWebサービスのようにしたもの。Google社の地図サービスGoogle Maps上に複数のデータを載せた地図コンテンツが例として挙げられる。

マルチスケール ⊃3-5
ひとつの物事を考える際に、地球規模から、国家、地域、流域規模などの多段階空間スケールを複合させて考えること。生態系の保全や環境の適切な管理にはマルチスケールで臨むことが必要とされる。GIS(地理情報システム)は、マルチスケールで空間や現象を捉えるための強力なツールでもある。

名勝 ⊃3-3
一般には名高い景勝地のことであるが、狭義には文化財保護法に基づく文化財の種類の一つを指す。その対象は古来の景勝地や名庭などに代表され、特にその風景・景観の芸術上・鑑賞上の価値が高く評価されたものである。国が指定するほか、自治体によるものも存在し、指定によって現状変更等に対する規制や維持管理に対する補助が行われその価値の維持が図られる。

モニタリング ⊃3-1
監視・追跡のためにおこなう継続、定期的な観測や調査のこと。地形変化、水質変化、植生変化、気候変動など環境変化を受けやすい特定地域を同じ調査手法で、定期経年的に調査して、その変化を把握することが代表例である。様々な環境情報を広範囲に把握することに有効な人工衛星によるリモートセンシング技術もその1つ。

ら行

存在機能と利用機能 ⊃2-8
公園緑地の機能は、一般に存在機能と利用機能とに大別される。存在機能とは、公園緑地が存在することによって都市構造上にもたらされる機能であり、利用機能とは、公園緑地の利用者にもたらされる機能である。本書では、都市施設としての公園緑地に限定することなく、広くオープンスペース一般に対して適用する概念として用いている。

レジリエンス ⊃2-1, 2-4, 2-10, 3-5
レジリエンス(resilience)とは弾力的な変形に対してエネルギーを吸収したり、解放したりする物質の特性。弾力的に蓄積可能なエネルギーの量は物質に応じて限界がある。精神医学の分野では、発病を招く環境や病気それ自体に対抗し、回復力を高める予防・治療の概念として注目される。生態系が撹乱や環境変動の影響から速やかに回復する特性を指してレジリエンスと言うことも多く、2-1、2-10では、生圏の持続性を阻害する撹乱に対して、生圏が発動する抵抗力、回復力、安定性と定義する。

リスクヘッジ ⊃3-7
リスク(risk)とは一般的な意味では「危険」という意味で、ヘッジ(hedge)とは「押さえ」「保険」「つなぎ」「控え」などの意味である。リスクヘッジとは今後起こりうる危険や被害を回避する、またはその大きさを軽減するように「事前に」工夫しておくことを意味する。今回のような大震災においても、自然災害の回避、被害軽減の事前の工夫が重要となる。

執筆者紹介

赤澤宏樹 2-7
　兵庫県立大学自然・環境科学研究所／
　兵庫県立人と自然の博物館
　akazawa@hitohaku.jp

雨宮 護 2-4／3-5
　東京大学空間情報科学研究センター
　amemiya@csis.u-tokyo.ac.jp

石川 初 1-1／2-1
　株式会社ランドスケープデザイン設計部
　hajimebs@gmail.com

石川幹子 2-3
　東京大学大学院工学系研究科

伊藤 弘 2-9
　東京大学大学院農学生命科学研究科
　hiroito@fr.a.u-tokyo.ac.jp

今西純一 3-8
　京都大学大学院地球環境学堂
　imanishi.junichi.6c@kyoto-u.ac.jp

入江彰昭 3-1
　東京農業大学短期大学部環境緑地学科
　teruaki@nodai.ac.jp

植田直樹 2-8
　株式会社三菱地所設計
　naoki.ueda@mj-sekkei.com

大澤啓志 2-3
　日本大学生物資源科学部

大竹二雄 3-5
　東京大学大気海洋研究所

小野良平 3-3
　東京大学大学院農学生命科学研究科
　ono@fr.a.u-tokyo.ac.jp

加我宏之 1-3
　大阪府立大学大学院生命環境科学研究科
　緑地環境科学専攻
　kaga@envi.osakafu-u.ac.jp

木下 剛 2-1／2-10
　千葉大学大学院園芸学研究科
　緑地環境学コース
　tkinoshita@faculty.chiba-u.jp

近藤 卓 3-7
　近藤卓デザイン事務所株式会社
　kondo@takudesign.net

斉藤恵美音 3-8
　株式会社スペースビジョン研究所

斎藤 馨 3-2
　東京大学大学院新領域創成科学研究科
　kaoru@nenv.k.u-tokyo.ac.jp

篠沢健太 2-6
　工学院大学建築学部まちづくり学科
　kshino@cc.kogakuin.ac.jp

霜田亮祐 2-11
　株式会社プレイスメディア
　shimoda@placemedia.net

菅 博嗣 2-5
　有限会社あいランドスケープ研究所
　bxm07142@nifty.com

高橋靖一郎 1-2／2-1
　株式会社LPD／
　登録ランドスケープアーキテクト（RLA）
　s.takahashi@l-pd.com

武田史朗 1-5
　立命館大学大学院理工学研究科
　環境都市専攻
　st@se.ritsumei.ac.jp

嶽山洋志 1-4
　兵庫県立大学大学院
　緑環境景観マネジメント研究科／
　淡路景観園芸学校

寺田 徹 2-4／3-5
　東京大学大学院新領域創成科学研究科
　terada@k.u-tokyo.ac.jp

長濱伸貴 1-3
　神戸芸術工科大学デザイン学部
　環境・建築デザイン学科
　nagahama-n@kobe-du.ac.jp

温井 亨 1-6
　東北公益文科大学公益学部公益学科
　nukui@koeki-u.ac.jp

野村徹郎 2-12
　公益社団法人日本造園建設業協会
　nomura@jalc.or.jp

林 まゆみ 1-4
　兵庫県立大学大学院
　緑環境景観マネジメント研究科／
　淡路景観園芸学校

古橋大地 3-2
　マップコンシェルジュ株式会社
　mapconcierge@gmail.com

宮城俊作 p006-007／3-6
　奈良女子大学大学院住環境学専攻
　miyagi@placemedia.net

宮前保子 3-8
　株式会社スペースビジョン研究所
　yasum@spacevision.co.jp

村上暁信 2-2
　筑波大学システム情報系
　murakami@sk.tsukuba.ac.jp

守屋 実 2-5
　有限会社グリーンサイト／
　登録ランドスケープアーキテクト（RLA）

八色宏昌 2-10
　株式会社グラック
　yairo@glac.co.jp

山本清龍 3-4
　岩手大学大学院農学研究科共生環境専攻
　kiyo@iwate-u.ac.jp

山本幸一 3-5
　独立行政法人森林総合研究所東北支所

横張 真 2-4／3-5
　東京大学大学院新領域創成科学研究科
　myoko@k.u-tokyo.ac.jp

渡邉英徳 2-13
　首都大学東京大学院
　システムデザイン研究科
　hwtnv2006@gmail.com

嶋倉正明 口絵
　嶋倉風景研究室
　m.shimakura.landscape@mbi.nifty.com

武内和彦 まえがき
　公益社団法人日本造園学会
　東日本大震災復興支援調査委員会委員長
　国連大学サステイナビリティと平和研究所／
　東京大学サステイナビリティ学連携研究機構

森山雅幸 あとがき
　公益社団法人日本造園学会東北支部顧問
　／宮城大学食産業学部環境システム学科

復興の風景像
ランドスケープの再生を通じた
復興支援のためのコンセプトブック
2012年5月15日初版発行

編者
公益社団法人　日本造園学会
東日本大震災復興支援調査委員会

発行人
丸茂 喬

発行所
株式会社マルモ出版
東京都渋谷区宇田川町2-1 渋谷ホームズ1405
Tel: 03-3496-7046　Fax: 03-3496-7387
E-mail: design@marumo-p.co.jp
Web: http://www.marumo-p.co.jp/
twitter: http://twitter.com/marumo_p

ブックデザイン
村上 和

印刷・製本
株式会社ローヤル企画

●本書に関するお問い合わせ
concept_book@landscapearchitecture.or.jp

ISBN978-4-944091-48-5
定価（本体1,762円＋税）
©2012 Marumo Publishing Co., Ltd.
Printed in Japan

※掲載記事の無断転載・複写を禁じます。
※落丁・乱丁はお取り替えします。